Olivier Hamant

Le développement des plantes: rôle des gènes KNOX

Olivier Hamant

Le développement des plantes: rôle des gènes KNOX

Un exemple d'analyse fonctionnelle

Presses Académiques Francophones

Impressum / Mentions légales

Bibliografische Information der Deutschen Nationalbibliothek: Die Deutsche Nationalbibliothek verzeichnet diese Publikation in der Deutschen Nationalbibliografie; detaillierte bibliografische Daten sind im Internet über http://dnb.d-nb.de abrufbar.

Alle in diesem Buch genannten Marken und Produktnamen unterliegen warenzeichen-, marken- oder patentrechtlichem Schutz bzw. sind Warenzeichen oder eingetragene Warenzeichen der jeweiligen Inhaber. Die Wiedergabe von Marken, Produktnamen, Gebrauchsnamen, Handelsnamen, Warenbezeichnungen u.s.w. in diesem Werk berechtigt auch ohne besondere Kennzeichnung nicht zu der Annahme, dass solche Namen im Sinne der Warenzeichen- und Markenschutzgesetzgebung als frei zu betrachten wären und daher von jedermann benutzt werden dürften.

Information bibliographique publiée par la Deutsche Nationalbibliothek: La Deutsche Nationalbibliothek inscrit cette publication à la Deutsche Nationalbibliografie; des données bibliographiques détaillées sont disponibles sur internet à l'adresse http://dnb.d-nb.de.

Toutes marques et noms de produits mentionnés dans ce livre demeurent sous la protection des marques, des marques déposées et des brevets, et sont des marques ou des marques déposées de leurs détenteurs respectifs. L'utilisation des marques, noms de produits, noms communs, noms commerciaux, descriptions de produits, etc, même sans qu'ils soient mentionnés de façon particulière dans ce livre ne signifie en aucune façon que ces noms peuvent être utilisés sans restriction à l'égard de la législation pour la protection des marques et des marques déposées et pourraient donc être utilisés par quiconque.

Coverbild / Photo de couverture: www.ingimage.com

Verlag / Editeur:
Presses Académiques Francophones
ist ein Imprint der / est une marque déposée de
AV Akademikerverlag GmbH & Co. KG
Heinrich-Böcking-Str. 6-8, 66121 Saarbrücken, Deutschland / Allemagne
Email: info@presses-academiques.com

Herstellung: siehe letzte Seite /
Impression: voir la dernière page
ISBN: 978-3-8381-7182-1

Le développement des plantes :
Rôle des gènes *KNOX*

TABLE DES MATIERES

4

INTRODUCTION

UN EXEMPLE D'ANALYSE FONCTIONNELLE

REFERENCES

INTRODUCTION

1. De l'homéose aux gènes *KNOX*

1.1 De l'homéose aux gènes homéotiques

Définition de l'homéose

Des fleurs « monstrueuses » ont été décrites par les botanistes depuis plus de 2000 ans. Ainsi, Théophraste mentionne en 286 avant JC des roses « doubles », contenant un nombre plus élevé de pétales que le sauvage. Goethe observe en 1790 que les plantes sont constituées d'organes homologues, et qu'une transformation progressive a lieu au cours du développement, des feuilles aux fleurs (Goethe, 1790). Avant lui, Nehemiah Grew (1672, 1682), Malphigi (1671), et C. Fr. Wolff (1768) avaient postulé la feuille comme l'organe universel des plantes. Bateson reprit en 1894 les « métamorphoses » de Goethe pour définir la notion d' « homéose » : une mutation homéotique aboutit au remplacement d'un organe d'une série (par exemple un organe d'un verticille floral donné : le sépale) par un organe d'une autre série (un carpelle) (Bateson 1894). L'identification de l'homéose met donc en évidence des hiérarchies entre ces « séries », et révèle ainsi le patron de développement de l'organisme.

L'homéose initialement décrite chez les plantes à fleurs a pu être étendue à l'ensemble des organismes vivants pluricellulaires. Ainsi, le phénotype du mutant de drosophile antennapedia est caractéristique de l'homéose : l'appendice antenne est remplacé par un autre appendice, la patte. L'aspect universel de l'homéose dans le développement des organismes a soulevé la question de son déterminisme génétique. Une analyse systématique de l'homéose a d'abord été entreprise chez *Drosophila melanogaster* par EB Lewis.

Le développement de la drosophile : une compartimentation

Un des aspects le plus visible du développement post-embryonnaire de la drosophile, est la mise en place des différents appendices au stade adulte ou imago.Les structures à l'origine de ces organes sont des groupes de cellules embryonnaires appelés disques imaginaux. Historiquement, la notion de compartiment a d'abord été définie chez la drosophile dans les disques imaginaux, comme des portions de la cuticule adulte issues d'un même lignage cellulaire (Garcia-Bellido *et al.*, 1973) : un groupe de cellules défini précocément formera tout le compartiment (Crick et Lawrence, 1975). De tels compartiments ont été retrouvés également au cours de l'ensemble du développement de la drosophile : l'oeuf se divise en différents compartiments selon les axes proximo-distaux et dorso-ventraux, puis se subdivisent encore en tête / thorax / abdomen pour finalement former des segments plus particulièrement visibles sur le thorax constitué de 3 segments portant les futures pattes, les ailes et les haltères, et sur l'abdomen. Les disques imaginaux sont alors mis en place et forment à leur tour de nouveaux sous-compartiments : par exemple, le disque imaginal de l'aile se subdivise en huit compartiments qui formeront les huit régions de l'aile adulte (pour revue : Mann et Morata, 2000).

Les gènes homéotiques, supports de la compartimentation

Le concept de compartiments a trouvé un support génétique grâce aux études menées sur les mutants homéotiques. De façon inattendue, des mutations monogéniques permettent l'apparition d'organes correctement constitués mais situés à la place d'un autre organe. EB Lewis a montré que ces gènes spécifient l'identité des différentes régions du corps (Lewis, 1963 ; Lewis, 1964). Ainsi, les gènes du complexe HOM-C, comme Antp, déterminent les différences entre les segments du corps le long de l'axe antéro-postérieur dès les stades embryonnaires.

La mise en place du profil d'expression des gènes HOM-C est déterminée par une cascade d'expression de gènes qui débute dès le stade zygote (pour revue : Lawrence et Morata, 1994 ; Manak et Scott, 1994 ; Mann et Morata, 2000): les gènes maternels, Bicoïd par exemple, génèrent des gradients de facteurs de transcription dans l'oeuf. Ces gradients modulent l'action des gènes GAP qui spécifient l'identité de groupes de segments. Les gènes GAP contrôlent ensuite l'activation des gènes PAIR-RULE nécessaire à la mise en place des différents segments. Les gènes de polarité segmentaire, Engrailed par exemple, spécifient ensuite l'orientation antéropostérieure de chaque segment. En parallèle, les gènes du complexe HOM-C spécifient l'identité de chaque segment. Ils sont induits par les gènes GAP, PAIRRULE et les gènes de polarité, mais leur expression persiste plus tard, indépendamment de leur activation initiale. Ainsi, le gène Antp exprimé dans les segments thoraciques, participe à la spécification des segments thoraciques en contrôlant le développement des disques imaginaux thoraciques (les pattes, les ailes et les haltères). Les profils d'expression chevauchants et complexes des gènes homéotiques mettent en place des combinaisons génétiques caractéristiques de l'identité du territoire embryonnaire et de l'organe.

1.2 Des gènes homéotiques aux gènes à homéoboîte

L'homéoboîte, caractéristiques des premiers gènes homéotiques animaux

La comparaison des séquences des premiers gènes homéotiques chez la drosophile, les gènes du complexe HOM-C, a mis en évidence la présence d'un motif conservé de 180 paires de bases, l'homéoboîte (Mc Ginnis *et al.,* 1984 ; Laughon et Scott, 1984). La plupart des autres gènes homéotiques de la drosophile possèdent également une homéoboîte. Il s'agit en particulier des gènes Bicoïd, GAP, PAIRRULE, Engrailed cités plus haut. Une classe particulièrement bien caractérisée spécifie l'information positionnelle le long de l'axe antéro-postérieur de la drosophile : le complexe HOM-C (McGinnis and Krumlauf, 1992; Manak and Scott, 1994). De façon étonnante, l'alignement des gènes HOM-C sur le chromosome correspond au profil d'expression des gènes dans l'organisme le long de l'axe antéro-postérieur. Cette *colinéarité* est probablement liée aux mécanismes qui contrôlent l'expression de ces gènes.

L'homéodomaine, un domaine de fixation à l'ADN

L'homéoboîte code un domaine de fixation à l'ADN de type hélice-coude hélice de 60 acides aminés, l'homéodomaine (Mc Ginnis *et al.,* 1984 ; Laughon et Scott 1984 ; Gehring *et al.,* 1994). La structure en 3 hélices α est très conservée (pour revue : Kornberg 1993). Un grand nombre d'étude structurales a permis de préciser certains aspects de l'interaction. L'interaction avec l'ADN se fait avec l'hélice n°3. Dans le cas des protéines HOX, la spécificité de fixation à l'ADN dépend de résidus situés dans l'homéodomaine ou à proximité. Les acides aminés 50, 51 et 54 sont particulièrement importants pour la spécificité de la reconnaissance de l'ADN (Gibson et Gehring, 1988 ; Chan et Mann, 1993 ; Zeng *et al.,* 1993) ainsi que le bras N-terminal, qui contient un motif YPWM très conservé au cours de l'évolution (Mann, 1995).

L'homéoboîte, un motif conservé dans le monde vivant

L'identification de la séquence de l'homéoboîte, a permis l'isolement de gènes de la même famille chez d'autres organismes. En particulier, des gènes homologues au complexe HOM-C ont été isolés chez les Nématodes et les Vertébrés : le complexe HOX. Le génome du nématode *Caenorhabditis elegans* contient un cluster de 4 gènes HOX (Salser et Kenyon, 1994 ; Wang *et al.*, 1993 ; Kenyon, 1994). Chez la souris et l'Homme, 38 gènes HOX sont organisés en 4 clusters répartis sur 4 chromosomes différents (Ruddle *et al.*, 1994 ; Acampora *et al.*, 1989). Ces clusters sont probablement issus de duplications d'un cluster ancestral (Kappen *et al.*, 1989). Une colinéarité a également été observée chez les gènes HOX de Vertébrés et de Nématode. Des gènes à homéoboîte ont aussi été décrits chez les Champignons et chez les Plantes. Aucune colinéarité n'a été identifiée dans ces règnes. Parmi les gènes codant des facteurs de transcription présents à la fois chez les Végétaux et chez les Animaux, un tiers sont des gènes à homéoboîte.

1.3   Des gènes à homéoboite aux gènes KNOX

Classification des gènes à homéoboîte

La comparaison des séquences a permis de distinguer deux superfamilles de gènes à homéoboîte : la superfamille typique, et la superfamille TALE (Three Amino acids Loop Extension) dont les membres codent des protéines avec 3 acides aminés supplémentaires entre la première et la deuxième hélice de l'homéodomaine (Burglin, 1997). Par ailleurs, la séquence présente entre les hélices 1 et 2 est plus conservée dans les protéines TALE que dans les autres protéines à homéodomaine. En particulier, les positions 24 à 26 sont presque toujours occupées par la succession proline-tyrosine-proline suivie d'un acide aminé hydroxylé et de plusieurs acides aminés à fonction acide. Chez la plupart des protéines à homéodomaine, la position 50 dans la troisième hélice, occupée par un acide aminé polaire, est critique pour la spécificité de liaison à l'ADN. Dans les protéines TALE, la position 50 est occupée par un acide aminé non polaire, suggérant une interaction protéine-ADN d'une nature différente. La superfamille TALE regroupe chez la levure les familles M-ATYP et CUP, chez les Animaux, les familles PBC, MEIS, TGIF et IRO, chez les plantes, les familles KNOX et BEL.

Au sein de la superfamille TALE, des domaines conservés chez les différents règnes ont été mis en évidence. Il s'agit en particulier d'un domaine présent chez la famille MEIS des Animaux et KNOX de plantes, appelé domaine MEINOX (Burglin, 1997). La famille MEIS regroupe en particulier la protéine Homothorax (Hth) de drosophile et Prep1 de l'Homme. Le domaine MEINOX est également présent chez la famille PBC, bien que le degré d'identité soit plus faible. La conservation de ce domaine suggère que les protéines KNOX et MEIS pourraient dériver d'un ancêtre commun.

15

L'étude des différentes familles de gènes à homéoboîtes chez les plantes, les Champignons et les Animaux a permis de proposer un modèle d'évolution de ces gènes (Bürglin, 1998). La classification des gènes à homéoboîte chez les Plantes est détaillée ci-après.

Sept familles de protéines à homéodomaine chez les Plantes

Chez les Plantes, l'étude des gènes à homéoboîte a été menée essentiellement chez les espèces modèles suivantes : le maïs, l'arabette, le riz et le tabac. La connaissance du génome d'*Arabidopsis* a permis d'évaluer la contribution des différentes familles de gènes à homéoboîte.

Le génome d'*Arabidopsis* contient 75 gènes à homéoboîte (The *Arabidopsis* Genome Initiative 2000). D'après la comparaison de l'homéodomaine, un arbre phylogénétique des protéines a été réalisé. 7 classes ont pu être distinguées tant par les données d'alignement que par l'identité du domaine adjacent à l'homéodomaine (Pour revue : Chan *et al.*, 1998). Des séquences obtenues chez les autres espèces modèles confortent ces données. La famille KNOX (KNOTTED Homeobox) regroupe les protéines homologues à KNOTTED et ses membres présentent tous un domaine ELK (Acide glutamique – Leucine – Lysine). Les membres de la famille Homeodomain zipper (HD-Zip) possèdent un domaine leucine zipper adjacent à l'homéodomaine. La famille Plant Homeodomain Finger (PHD Finger / ZmHOX) est caractérisée par la présence d'un motif conservé riche en cystéines. Les autres familles regroupent les protéines homologues à GLABRA 2 (GL2), les protéines homologues à BELL1, et les protéines homologues à WUSCHEL (Mayer *et al.*, 1998). NODULIN HOMEOBOX 1 (NDX) forme une classe isolée constituée d'un seul membre (Jorgensen *et al.*, 1999). Certains auteurs ont regroupé les familles HD-ZIP et

GL2 dans une même famille, en raison de la présence d'un domaine leucine zipper également chez les membres de la famille GL2. La famille HD-ZIP peut alors être scindée en HD-ZIP I (les homologues de ATHB-1), HD-ZIP II (les homologues de ATHB-2), HD-ZIP III (les homologues de ATHB-8) et HD-ZIP IV (les homologues de GL2) (Sessa *et al.*, 1998 ; Aso *et al.*, 1999).

Seule la fonction de quelques protéines à homéodomaine de Plante a été établie. D'après les données actuelles, ces facteurs de transcription sont impliqués dans un grand nombre de processus développementaux (Kubo *et al.*, 1999 ; Steindler *et al.*, 1999 ; Zhong et Ye, 1999 ; Baima *et al.*, 2001 ; Mc Connell *et al.*, 2001; Otsuga *et al.*, 2001 ; Matsumoto et Okada 2001 ; Byrne *et al.*, 2002; Venglat *et al.*, 2002; et pour revue : Chan *et al.*, 1998).

PHD Finger

PRHA Développement des vaisseaux, en lien avec l'auxine (Plesch *et al.*, 1997)

KNOTTED Arabidopsis thaliana

STM Maintien du méristème apical caulinaire (Long *et al.*, 1996)

KNAT1 Développement de l'inflorescence, maintien du méristème (Byrne *et al.*, 2002; Venglat *et al.*, 2002)

BELL

BELL1 Développement de l'ovule (Robinson-Beers *et al.*, 1992; Modrusan *et al.*, 1994) Maintien du méristème d'inflorescence (Bellaoui *et al.*, 2001)

ATH1 Photomorphogenèse (Quaedvlieg *et al.*, 1995)

GLABRA

GL2 Développement de l'épiderme (Di Cristina *et al.*, 1996; Hung *et al.*, 1998)

ATML1 Développement embryonnaire, assise L1 (Lu *et al.*, 1996)

ANL2 Symthèse d'anthocyanine et développement de la racine (Kubo *et al.*, 1999)

HD-Zip

ATHB-1 Développement foliaire (Aoyama *et al.*, 1995)

ATHB-2/HAT4 Photomorphogenèse (Steindler *et al.*, 1999)

ATHB-7 Réponse au stress hydrique, en lien avec l'ABA (Soderman *et al.*, 1996)

ATHB-8 Développement des vaisseaux (Baima *et al.*, 2001)

ATHB-9/PHV Acquisition de la polarité adaxiale-abaxiale (Mc Connell *et al.*, 2001)

ATHB-12 Réponse au stress hydrique, en lien avec l'ABA (Lee *et al.*, 1998)

ATHB-14/PHB Acquisition de la polarité adaxiale-abaxiale (Mc Connell *et al.*, 2001)

IFL1/REV Polarité, méristèmes axillaires, vascularisation en lien avec l'auxine (Zhong *et al.*, 1999; Otsuga *et al.*, 2001)

WUSCHEL-Like

WUS Maintien de la zone centrale du méristème apical (Laux *et al.*, 1996)

PRS Développement des organes latéraux (Matsumoto et Okada, 2001)

Fonction de certains gènes à homéoboîte d'*Arabidopsis*

La famille *KNOX*

• *KNOTTED1* (*KN1*) est le premier gène à homéoboîte identifié chez les Plantes

Le premier gène à homéoboîte identifié chez les Plantes est le gène *KN1* du maïs (Vollbrecht *et al.*, 1991). Le mutant dominant *knotted1* de maïs présente des noeuds ectopiques sur les feuilles, suggérant un rôle de la protéine dans le contrôle de l'état méristématique des cellules (Vollbrecht *et al.*, 1991). 13 gènes homologues à *KN1*, appelés aussi gènes *KNOX*, ont été identifiés chez le maïs (Kerstetter *et al.*, 1994). Des gènes *KNOX* ont été isolés chez d'autres Plantes comme l'arabette, le riz, le tabac, le pin, le colza, l'orge, le soja, la tomate, le pommier et une orchidée du genre *Dendrobium* (pour revue : Chan *et al.*, 1998). Les modèles les mieux documentés sont les gènes *KNOX* de maïs, de riz et de tabac, et les gènes *KNAT "KNOTTED-like d'Arabidopsis thaliana"*.

• La famille KNOX est scindée en deux classes

Deux classes peuvent être distinguées d'après le degré d'identité de l'homéodomaine. Chez le maïs, l'homéodomaine des protéines KNOX de classe I présente 73 à 89% d'identité avec l'homéodomaine de KN1; l'homéodomaine des gènes de classe II présente 55 à 58% d'identité avec l'homéodomaine de KN1. De façon remarquable, cette classification se retrouve également au niveau du profil d'expression. Les gènes de classe I sont exprimés principalement dans les méristèmes, alors que les gènes de classe II sont exprimés dans tous les tissus (Kerstetter *et al.*, 1994). Cette répartition en deux classes a été observée chez les autres Angiospermes. Chez *Arabidopsis*, la classe I regroupe les gènes *SHOOT MERISTEMLESS*, *KNAT1*, *KNAT2* et *KNAT6*. La classe II regroupe les gènes *KNAT3*, *KNAT4*, *KNAT5*, et *KNAT7* (Chan *et al.*, 1998 ; Semiarti *et al.*, 2001).

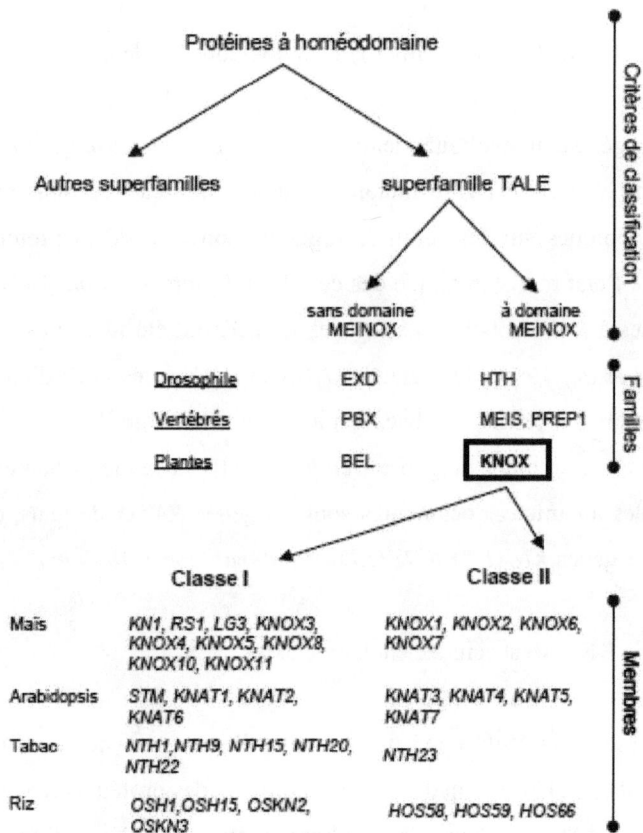

Protéines à homéodomaine

Autres superfamilles   superfamille TALE

sans domaine MEINOX   à domaine MEINOX

	sans domaine MEINOX	à domaine MEINOX
Drosophile	EXD	HTH
Vertébrés	PBX	MEIS, PREP1
Plantes	BEL	**KNOX**

Critères de classification

Familles

	Classe I	Classe II
Maïs	KN1, RS1, LG3, KNOX3, KNOX4, KNOX5, KNOX8, KNOX10, KNOX11	KNOX1, KNOX2, KNOX6, KNOX7
Arabidopsis	STM, KNAT1, KNAT2, KNAT6	KNAT3, KNAT4, KNAT5, KNAT7
Tabac	NTH1, NTH9, NTH15, NTH20, NTH22	NTH23
Riz	OSH1, OSH15, OSKN2, OSKN3	HOS58, HOS59, HOS66

Membres

La famille KNOX regroupe des protéines à homéodomaines de Plantes appartenant à la superfamille TALE et présentant un domaine MEINOX

• Les gènes *KNOX* ont accompagné la phyllogénie végétale

Des gènes *KNOX* ont été isolés dans la classe des Angiospermes, mais aussi chez *Picea Abies*, une Gymnosperme. De façon remarquable, les gènes *KNOX* sont également présents chez des espèces archaïques présentant un « méristème apical » réduit à une cellule. Ainsi, chez la mousse *Physcomitrella patens*, deux gènes *KNOX* de classe I, *MKN2* et *MKN4*, et un gène *KNOX* de classe II, *MKN1*-3 sont exprimés (Champagne *et al.*, 2001). La répartition des deux classes de gènes *KNOX* est donc antérieure à la séparation entre les Plantes supérieures et les mousses, soit il y a plus de 400 millions d'années (Champagne *et al.*, 2001). Un gène homologue de *KN1*, *AAKNOX1*, a été isolé chez l'algue verte unicellulaire *Acetabularia acetabulum*. Il code une protéine dont l'homéodomaine présente 56% d'identité avec celui KN1 (Serikawa *et al.*, 1999). D'autres protéines de type KNOX seraient présentes chez cette algue (Serikawa *et al.*, 1999).

1.4 Déterminisme génétique de l'homéose chez les Plantes

L'homéose florale : un rôle prépondérant des gènes MADS

Au début des années 90, Elliott Meyerowitz et Enrico Coen ont proposé le modèle ABC définissant l'identité des organes floraux (Coen et Meyerowitz, 1991) : La fonction A contrôle l'identité des verticilles 1 (sépales) et 2 (pétales), la fonction B contrôle l'identité des verticilles 2 et 3 (étamines), la fonction C contrôle l'identité des verticilles 3 et 4 (carpelles). Chez *Arabidopsis*, les gènes *APETALA 1 (AP1)* et *APETALA 2 (AP2)* remplissent la fonction A, les gènes *APETALA 3 (AP3)* et *PISTILLATA (PI)*, la fonction B, *AGAMOUS (AG)*, la fonction C. Tous ces gènes codent des facteurs de transcription appartenant à la famille MADS, sauf *AP2* qui appartient à la famille *AP2/EREBP*. Ces gènes sont exprimés dans le domaine où leur fonction a pu être associée. Une exception toutefois concerne *AP2* exprimé dans l'ensemble du bouton floral (Jofuku *et al.*, 1994).

Il existe chez *Arabidopsis* plus de 80 membres de la famille MADS. Les gènes homologues à *AG, AGL2, AGL4, AGL9*, renommés respectivement *SEPALLATA 1, 2 et 3*, ont été étudiés plus profondément. *SEP1* et *SEP2* sont exprimés dans les 4 verticilles, *SEP3* est exprimé lui dans les verticilles 2, 3 et 4 (pour revue : Jack, 2001). Les simples et doubles mutants dans les gènes *SEP* ne présentent pas d'altération du développement. Au contraire, le triple mutant *sep1 sep2 sep3* phénocopie les doubles mutants *ap3 ag* et *pi ag* : les fleurs sont indéterminées et constituées de sépales. Par conséquent les gènes *SEP* agissent en redondance avec les gènes ABC pour contrôler l'identité des verticilles 2,3, et 4 de la fleur (Pelaz *et al.*, 2000).

23

Les produits des gènes *ABC* ne semblent pas contrôler l'expression des gènes SEP et réciproquement (Flanagan et Ma, 1994; Savidge *et al.*, 1995; Pelaz *et al.*, 2000). En revanche, les facteurs de transcription MADS forment des homodimères et hétérodimères, et ils interagissent avec une séquence consensus de 10 paires de bases, la boîte CArG (5'-CCATATATATATATGG-3'). Ainsi, AG forme un homodimère ou interagit avec SEP1 pour se fixer sur la boîte CArG (Huang *et al.*, 1996).

En conclusion, selon le « quartet model », la spécificité fonctionnelle des protéines MADS serait permise par la formation de tétramères protéiques capables de se fixer sur deux boîtes CarG simultanément : le verticille 1 nécessite au moins un dimère AP1-AP1 ; l'identité du verticille 2 est déterminée par la combinaison AP3-PI et SEP3-AP1 ; l'identité étamine est définie par la combinaison AP3-PI et SEP3-AG ; le 4ème verticille est spécifié par les dimères AG-AG et SEP3-SEP3 (Theissen, 2001 ; Theissen et Saedler, 2001). Il reste à déterminer les partenaires supplémentaires probables des complexes MADS, et d'identifier le rôle de tels complexes dans la plante (pour revue : Jack, 2001).

BELL1, seul gène à homéoboîte impliqué dans l'homéose florale ?

BELL1 (BEL1) est un gène à homéoboîte nécessaire au développement de l'ovule. Chez le mutant *bel1*, les téguments internes ne se développent pas, et les téguments externes sont réduits à des renflements latéraux (Modrusan *et al.*, 1994; Ray *et al.*, 1994). *BEL1* serait donc impliqué dans la mise en place du domaine central de l'ovule, cette fonction étant bien corrélée à son domaine d'expression, restreint à la chalaze, avant l'initiation des téguments (Reiser *et al.*, 1995). Des allèles forts de *bel1* présentent une conversion homéotique d'une partie des ovules en carpelloïdes, médiée par une surexpression du gène *AG* (Ray *et al.*, 1994). *BEL1* est donc un acteur essentiel du développement de

24

l'ovule, via son action inhibitrice de l'expression d'AG dans l'ovule (Ray *et al.*, 1994).

Conclusion : Place des gènes à homéoboîte dans l'homéose

La présence d'une séquence homéoboîte n'implique pas une fonction homéotique de la protéine. Ainsi parmi les mutants dans les gènes à homéoboîte d'*Arabidopsis*, seul *bel1* présente une conversion homéotique de l'ovule en carpelle à ce jour. Inversement, l'homéose n'est pas exclusivement réalisée par des protéines à homéodomaine. En particulier, l'homéose florale chez les Angiospermes fait intervenir principalement des gènes à boîte MADS (pour revue : Jack, 2001 ; Meyerowitz, 2002). L'expression des gènes *MADS* est régulée par une autre famille de protéines qui contrôlent la structure de la chromatine. Dans ce cadre, un rôle déterminant des protéines POLYCOMB (PcG) a été mis en évidence dans les processus homéotiques chez les Animaux et chez les Plantes (pour revue : Meyerowitz, 2002) : chez la drosophile, la protéine PcG Enhancer of Zeste (E(z)) induit la formation d'hétérochromatine au voisinage du gène Ultrabithorax, et réprime son expression (Jones et Gelbart, 1990). De façon comparable, CURLY LEAF, une protéine homologue à E(z), réprime l'expression du gène homéotique *AGAMOUS* chez *Arabidopsis* (Goodrich *et al.*, 1997).

En bref :
L'étude des déterminants génétiques de l'homéose a abouti à l'isolement des gènes à homéoboîte chez les Animaux. L'homéoboîte code un domaine de fixation à l'ADN, l'homéodomaine. C'est un motif conservé au cours de l'évolution puisqu'il est retrouvé chez les Animaux, les Plantes, les Champignons et certains Unicellulaires. Cependant l'homéose n'implique pas et n'est pas systématiquement médiée par des protéines à homéodomaine. Les

gènes *KNOX* ont été les premiers gènes à homéoboîte identifiés chez les Plantes. Chez les Animaux, les homologues les plus proches des gènes *KNOX* sont les gènes de la famille *MEIS*.

Les gènes KNOX n'ont pas été associés à l'homéose. Pourtant leur rôle dans le développement a fait l'objet de nombreuses études. En effet, les gènes KNOX ont un rôle fondamental dans la définition et le maintien du méristème, centre organisateur de l'organogenèse végétale.

2. Fonction des gènes *KNOX* dans le méristème apical caulinaire

2.1 Le méristème, une structure hautement organisée

Le développement post-embryonnaire des plantes est assuré par des groupes de cellules indéterminées, les méristèmes. L'appareil aérien possède des méristèmes végétatifs, d'inflorescence et floraux dont la fonction est de produire de nouveaux organes tout au long de la vie de la plante.

Le méristème apical caulinaire est constitué d'un ensemble de cellules en division groupées en une structure dont le diamètre est compris, selon l'espèce, entre 50 µm et 3 mm. Typiquement, le diamètre du méristème apical est de 100 à 200 µm (Steeves et Susssex, 1989). Chez *Arabidopsis*, le diamètre atteint 90 µM au maximum. La forme du méristème peut être plate, e.g. chez le tournesol, en dôme, e.g. chez *Arabidopsis*, ou en forme de doigt, e.g. chez le maïs. La taille et la forme du méristème dépendent également du stade de développement : le méristème d'inflorescence d'*Arabidopsis* est plus grand que les méristèmes floraux, eux-même étant plus grands que le méristème végétatif (Vaughn, 1952 ; Miksche et Brown, 1965 ; Leyser et Furner, 1992 ; Medford *et al.*, 1992 ; Laufs *et al.*, 1998a). Par ailleurs, la taille du méristème est maximale avant la formation d'un organe latéral, alors qu'elle est réduite au début d'un plastochrone (juste après l'émergence d'un primordium foliaire).

Une organisation en assises

La structure interne du méristème est hautement organisé (pour revue : Steeves et Sussex, 1989 ; Lyndon, 1998). Trois assises cellulaires peuvent être distinguées dans le méristème végétatif des Dicotylédones d'après l'orientation des plans de division. L'assise la plus externe L1 présente des divisions majoritairement anticlines, i.e. perpendiculaires à la surface du méristème. L'assise L2 présente des divisions anticlines, et périclines dans la zone d'initiation des primordia. Les assises L1 et L2 forment la *tunica* du méristème. Chez les Monocotylédones, la tunica est en général constituée d'une seule assise cellulaire (Steffensen, 1968 ; McDaniel et Poethig, 1988). L'assise L3, la plus interne, est un massif cellulaire non stratifié où les divisions cellulaires ne présentent pas d'orientation préférentielle. La L3 forme le *corpus* du méristème. L'analyse de chimères périclines a permis de suivre le devenir des cellules des différentes assises du méristème (pour revue : Bowman et Eshed, 2000 ; Irish et Jenik, 2001; voir partie 2.3). L'épiderme des organes dérive de la L1, les parties plus internes des tissus dérivent de la L2 et de la L3. Les gamètophytes ont une origine L2. Toutefois, la relation clonale n'est pas stricte, et des origines mixtes sont parfois observées (Stewart et Dermen, 1970 ; Stewart et Burke, 1970). La structure en assises du méristème a des conséquences sur les propriétés biomécaniques du méristème et sur la structure du plasmodesmogramme du méristème (Rinne et van der Shoot, 1998). Toutefois le lien entre la structure en assises du méristème et la morphogenèse reste mal connu. En particulier, la perturbation des plans de divisions chez les mutants *tonneau* d'*Arabidopsis* n'empêche pas la formation de tous les organes de la Plante (Traas *et al.,* 1995).

Une organisation en zones

Superposée à cette organisation en assises, une zonation du méristème a été décrite (Foster 1938 ; Steeves et Sussex, 1989). En effet, la structure histologique et l'analyse de l'activité mitotique permettent de distinguer trois zones dans le méristème (pour revue : Nougarède, 1967 ; Steeves et Sussex,

1989 ; Lyndon, 1998).

La zone centrale occupe le sommet du méristème et est entourée par la zone périphérique : les cellules de la zone centrale sont en général de plus grande taille et sont plus vacuolisées que les cellules de la zone périphérique. Ces cellules auraient une activité métabolique réduite. Chez *Arabidopsis*, seule la plus grande vacuolisation des cellules de la zone centrale est visible (Laufs *et al.*, 1998a). Par ailleurs, les cellules de la zone centrale se divisent 2 à 4 fois moins que les cellules de la zone périphérique (pour revue : Nougarède, 1967 ; Steeves et Sussex, 1989 ; Lyndon, 1998). Une analyse de l'index mitotique sur une population de méristème d'inflorescence *d'Arabidopsis* a permis de déterminer que le diamètre de la zone centrale est de 4 à 6 cellules (Laufs *et al.*, 1998a). Au cours de l'évolution, la zone centrale est apparue secondairement, les méristèmes étant constitués uniquement d'une cellule ou d'un groupe de cellules apicales en division active. La prêle est un des premiers exemples de méristème apical constitué d'une zone centrale, réduit à une cellule, entourée d'une zone périphérique en division active.

Dans la zone périphérique, le site d'initiation du primordium présente un accroissement significatif du taux de divisions cellulaires (Lyndon, 1970 ; Hussey, 1971 ; Laufs *et al.*, 1998a). Une cinétique de croissance du méristème permet d'ailleurs de visualiser le rôle organogène de la zone périphérique.

La zone médullaire est constituée de cellules alignées verticalement à la base du méristème. Elle produit les tissus internes des organes (pour revue : Lyndon, 1998). L'organisation en zones est corrélée aux deux fonctions du méristème : le méristème s'automaintient grâce à une population de cellules pluripotentes situées dans la zone centrale. Les cellules souches peuvent être remplacées par des cellules voisines. Les cellules qui sortent de ce domaine sont alors exposées

29

aux signaux de différenciation. En conclusion, l'organisation du méristème est stable, mais son fonctionnement est dynamique. C'est l'information positionnelle qui détermine l'identité des cellules du méristème : « les cellules souches sont les occupants temporaires d'un bureau permanent » (Newman, 1965).

Les différents territoires méristématiques dans la plante

Le méristème apical caulinaire met en place toute la partie épicotylée de la plante, et donc met en place d'autres types de méristèmes. Bien que structurellement proche du méristème apical caulinaire, leur fonctionnement et l'identité des organes qu'ils produisent est spécifique de chacun d'entre eux. Comme indiqué dans la partie 1, les gènes *KNOX* de classe I sont exprimés dans ces méristèmes (Kerstetter *et al.*, 1994 ; pour revue : Chan *et al.*, 1998).

Tout d'abord, le méristème apical met en place des méristèmes axillaires à l'aisselle des feuilles (le noeud). Les méristèmes axillaires produisent les paraclades de rosette, accessoire et caulinaire qui ont un rôle déterminant dans l'architecture de la plante. L'ensemble noeud portant organe(s) et méristème(s) axillaire(s), et entrenoeud, forme l'unité de base de l'anatomie aérienne de la plante : le phytomère. Chez *Arabidopsis*, la phase végétative met en place des phytomères à entrenoeud courts d'où un port en rosette. Un grandissement des entrenoeuds est observé lors de la transition florale, ou montaison. A ce stade, le méristème apical caulinaire devient un méristème d'inflorescence. Il met en place des feuilles caulines, plus ou moins développées, et des méristèmes axillaires, ayant une identité de méristème d'inflorescence ou de méristème floral. Le méristème apical caulinaire et le méristème d'inflorescence ne produisent pas un nombre fini d'organes. Ils sont dits indéterminés. Au contraire, les méristèmes floraux sont déterminés. En effet, lors de la phase reproductive, les méristèmes floraux produisent quatre verticilles d'organes floraux : un calice de 4 sépales, une corolle de 4 pétales, une androcée de 6 étamines, et un gynécée issu de la fusion de deux carpelles. Au point de fusion des carpelles, le placenta est un méristème qui produit les ovules. La structure en assises est retrouvée au niveau du placenta, et la plupart des marqueurs méristématiques, dont certains gènes *KNOX* y sont exprimés (Long *et al.*, 1996 ; Bowman et Smyth, 1999 ; Pautot *et al.*, 2001). Le placenta peut être considéré comme le 5ème verticille de la fleur. La continuité méristématique est rompue avec l'ovule, bien que certains puissent comparer l'initiation des téguments de l'ovule à l'initiation d'un primordium de feuille.

D'autres territoires méristématiques sont présents dans la plante. Le méristème racinaire génère la racine primaire, qui à son tour met en place les racines secondaires et d'ordre supérieur. Par ailleurs, dans la racine et la tige, se développent secondairement des méristèmes histogènes, le phellogène et le cambium. La structure et le fonctionnement de ces méristèmes ne seront pas traités dans cette thèse.

En bref :
Le méristème apical caulinaire et les autres méristèmes aériens sont des zones en division active qui forment des primordia de feuille, de fleur et d'ovule. Par ailleurs, les méristèmes présentent une structure hautement organisée, en assises et en zones. Les gènes *KNOX* de classe I sont des marqueurs de ces territoires.

Le méristème présente une dualité paradoxale : malgré la dynamique de son fonctionnement, le méristème n'épuise pas le nombre de ses cellules et conserve une structure stable. Dans la partie suivante, la fonction des gènes KNOX dans le maintien du méristème est détaillée.

2.2 Le méristème : maintien d'un pool de cellules pluripotentes

Le développement des plantes est caractérisé par une production d'organes tout au long de la vie de la plante. Cette observation implique le maintien d'une activité méristématique au cours du développement post-embryonnaire. Par ailleurs, des expériences d'excision du méristème ont montré que la présence de quelques cellules méristématiques suffit à la régénération d'un méristème complet (Sussex, 1952). Ces observations démontrent que le méristème est capable, malgré la dynamique de son fonctionnement, de maintenir son organisation propre.

Les gènes *KNOX*, marqueurs de l'identité méristématique

Sur la base du phénotype des mutants dominants de maïs et de l'expression du gène *KN1*, un rôle de la protéine KN1 dans le maintien du méristème a été proposé. En effet, le mutant *kn1* gain de fonction présente des noeuds ectopiques sur le limbe des feuilles et *KN1* est exprimé dans l'ensemble du méristème, sauf aux points d'initiation des primordia (Vollbrecht *et al.*, 1991 ; Hake *et al.*, 1995). Cette hypothèse a été validée grâce à l'isolement d'un mutant perte de fonction dans le gène *KN1* qui présente des défauts de maintien du méristème (Kerstetter *et al.*, 1997 ; Vollbrecht *et al.*, 2000).

Chez *Arabidopsis*, le mutant *shoot meristemless* ne développe pas son méristème (Long *et al.*, 1996). *STM* est un gène *KNAT* exprimé dans le méristème sauf aux points d'initiation des primordia, comme *KN1* (Long *et al.*, 1996). Toutefois, contrairement à *KN1*, *STM* est aussi exprimé dans l'assise L1 du méristème. De façon étonnante, le mutant *stm* développe quand même des organes, impliquant la présence d'une activité méristématique résiduelle (Barton et Poethig, 1993 ; Endrizzi *et al.*, 1996). Les autres gènes *KNAT* pourraient agir en redondance avec *STM*. *KNAT1* est exprimé dans la partie basale du méristème apical et d'inflorescence (Lincoln *et al.*, 1994). La surexpression de *KNAT1* conduit à la formation de méristèmes ectopiques sur les feuilles, suggérant un rôle de *KNAT1* dans la mise en place et le maintien du méristème (Chuck *et al.*, 1996). Un mutant perte de fonction *knat1* a récemment été isolé. Il présente un phénotype nain et des siliques épinastiques, mais aucun phénotype méristématique n'a pu être détecté (Venglat *et al.*, 2002). Dans un contexte mutant *stm2* (un allèle faible de *STM*), le double mutant *knat1 stm2* phénocopie un allèle fort de *stm*, montrant une contribution de *KNAT1* dans le maintien du méristème (Douglas *et al.*, 2002). Aucun rôle dans l'automaintien du méristème n'a été démontré pour les deux autres membres de la famille, *KNAT2* et *KNAT6*.

L'ensemble de ces données montre un rôle déterminant des gènes *KNOX* dans le maintien du méristème. D'autres gènes participent au maintien du méristème chez *Arabidopsis* : les gènes *WUSCHEL* et *CLAVATA*.

La boucle *WUSCHEL/CLAVATA* : contrôle de la taille de la zone centrale

• *WUSCHEL (WUS)*

Le mutant dans le gène à homéoboîte *WUSCHEL (WUS)* est incapable de maintenir un méristème fonctionnel (Laux *et al.*, 1996 ; Mayer *et al.*, 1998). Le mutant *wus* initie quelques feuilles au début de son développement, puis le méristème s'épuise. Des fleurs peuvent être formées mais sont toujours incomplètes. En particulier, aucun carpelle ne peut être mis en place. *WUS* est exprimé dès le stade 16 cellules, dans 4 cellules de la partie supérieure interne de l'embryon. Son expression se maintient au cours du développement du méristème apical et de la plante, dans un petit groupe de cellules au centre du méristème. Cette zone correspond à la partie basale de la zone centrale. *WUS* permettrait donc le maintien des cellules souches de la zone centrale de façon non cellule autonome (Mayer *et al.*, 1998).

• *CLAVATA (CLV)*

Les mutants *clavata (clv)* présentent un nombre d'organes supérieur au sauvage (Clark *et al.*, 1993 ; Leyser et Furner, 1992 ; Kayes et Clark, 1998). Ce phénotype a été associé à la présence d'un méristème agrandi dès les stades embryonnaires. Au cours du développement, outre le nombre accru de feuilles, les mutants *clv* présentent des tiges fasciées et des fleurs avec un nombre d'organes plus élevé (Clark *et al.*, 1993 ; Leyser et Furner, 1992 ; Kayes et Clark, 1998).

Trois gènes *CLV* ont été identifiés. *CLV1* code une protéine transmembranaire avec un domaine intracellulaire kinase et un domaine extracellulaire de type Leucin Rich Repeat (LRR) (Clark *et al.*, 1997). Une fonction kinase à sérine activée par autophosphorylation a pu être démontrée (Williams *et al.*, 1997 ; Stone *et al.*, 1998). *CLV2* code aussi un récepteur à domaine extracellulaire LRR, mais contrairement à CLV1, CLV2 présente un court domaine intracellulaire sans activité kinase (Jeong *et al.*, 1999). *CLV3* code un petit peptide sécrété (Fletcher *et al.*, 1999). *CLV1* s'exprime dans l'assise L3 et L2 du méristème (Clark *et al.*, 1997). *CLV3* s'exprime au sommet du méristème dans un domaine recouvrant la zone centrale (Fletcher *et al.*, 1999). L'expression ectopique de *CLV3* dans une seule assise du méristème apical caulinaire est suffisante pour complémenter un mutant *clv3*, indiquant une activité non cellule autonome de CLV3 (Fletcher *et al.*, 1999).

Le phénotype des doubles mutants *clv1 clv3* est identique à celui des mutants *clv1* et *clv3*, suggérant que ces deux protéines agissent dans la même voie de transduction (Clark *et al.*, 1995). Par ailleurs, dans des extraits de méristèmes de choufleur, la protéine CLV1 est retrouvée liée à CLV3, suggérant que CLV3 est le ligand extracellulaire de CLV1 (Trotochaud *et al.*, 1999 ; Trotochaud *et al.*, 2000). L'analyse des doubles mutants *clv1 clv2* montre que CLV2 participerait aussi à la même voie de transduction. Toutefois, CLV2 aurait un rôle supplémentaire dans le développement du pédoncule floral (Kayes et Clark, 1998). La purification de la protéine CLV1 a mis en évidence la présence d'une protéine associée par un pont disulfure qui pourrait être CLV2 (Trotochaud *et al.*, 1999). Une protéine phosphatase, KAPP, et une protéine GTPase Rho ont également été retrouvées dans le complexe purifié (Trotochaud *et al.*, 1999 ; Williams *et al.*, 1997 ; Stone *et al.*, 1998). La surexpression de *KAPP* peut phénocopier partiellement les mutants *clv* et la cosuppression de *KAPP* complémente partiellement le phénotype du mutant *clv1*, suggérant que KAPP régule négativement la voie CLV (Stone *et al.*, 1998). En conclusion, CLV1 interagirait avec CLV2, et la fixation du ligand CLV3 permettrait l'autophosphorylation de CLV1, entraînant le recrutement d'autres partenaires du complexe : la protéine phosphatase KAPP (Williams *et al.*, 1997 ; Stone *et al.*, 1998) et la protéine GTPase Rho agissant comme des régulateurs de l'activité de la voie CLV (Trotochaud *et al.*, 1999). Les GTPases RHO appartiennent à la superfamille des GTPases RAS, mais aucun gène codant une GTPase de type RAS n'a été isolé du génome d'*Arabidopsis*. Par conséquent, les GTPases RHO pourraient avoir la fonction des protéines RAS, et en particulier induire une cascade de « mitogen-activated protein kinase » (MAPK) chez *Arabidopsis* (Trotochaud *et al.*, 1999).

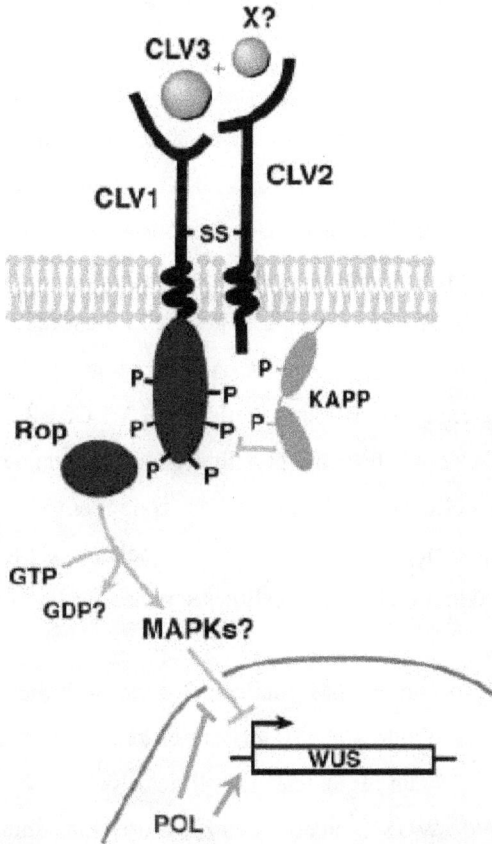

Modèle de régulation de la taille de la population de cellules souches dans le méristème apical caulinaire.

• Boucle *WUS/CLV*

Le gène *WUS* est une cible de CLV. La mutation *wus* est épistatique sur *clv*, suggérant que *WUS* agit en aval de *CLV* (Laux *et al.*, 1996). De plus, chez les mutants *clv*, le domaine d'expression de *WUS* est agrandi (Laux *et al.*, 1996 ; Schoof *et al.*, 2000 ; Brand *et al.*, 2000). Enfin, des surexpresseurs constitutifs de *CLV3* phénocopient le mutant *wus*. Une absence de messager *WUS* a été corrélée à ce phénotype (Brand *et al.*, 2000). L'ensemble de ces résultats suggère que CLV régule négativement l'expression de *WUS*. En outre, il existerait un rétrocontrôle : l'expression ectopique de *WUS* dans les primordia induit l'expression de *CLV3*, et l'expression de *CLV3* est réduite chez le mutant *wus* (Schoof *et al.*, 2000). Finalement, CLV3, protéine sécrétée par les cellules de la zone centrale, activerait le complexe CLV1/CLV2 dans le domaine d'expression de *CLV1*. Cette activation limiterait le domaine d'expression de *WUS* à quelques cellules à la base de la zone centrale. *WUS* en retour maintiendrait l'expression de *CLV3*. Ainsi, la balance *CLV/WUS* permet de contrôler la taille de la population de cellules souches.

L'expression de *CLV3* n'est pas totalement réprimée chez le mutant *wus*, suggérant la présence d'autres gènes agissant en redondance avec *WUS*. Ainsi, le gène *POLTERGEIST*, un régulateur négatif de la voie *CLV*, et dont le produit serait un partenaire de WUS, a pu être identifié d'après les données obtenues sur des suppresseurs de la mutation *clv* (Yu *et al.*, 2000).

• Des interactions entre la voie *CLV/WUS* et les gènes *KNOX* ?

Des études d'épistasie ont montré que *STM* agirait en amont de *WUS* (Endrizzi *et al.*, 1996). Chez le mutant *wus*, l'expression de *STM* est absente dans le méristème après la germination. De même, l'expression de *WUS* est absente chez le mutant *stm*. Cependant, il est probable que cette absence d'expression est la conséquence indirecte de l'absence de méristème fonctionnel chez ces mutants (Mayer *et al.*, 1998). Comme pour *WUS*, les interactions entre *CLV* et *STM* ont été étudiées. Le phénotype des doubles mutants *clv stm* est moins marqué que le phénotype des simples mutants *clv* et *stm* (Clark *et al.*, 1996). Les deux gènes agiraient donc sur le même processus, le maintien du méristème, mais *via* des voies distinctes. En conclusion, *STM* contrôlerait le maintien de l'ensemble des cellules méristématiques, et la taille de la zone centrale serait contrôlée spécifiquement par la boucle *CLV/WUS*.

En bref :

Les gènes *KNOX* sont nécessaires à l'automaintien du méristème. Un pool de cellules souches est maintenu dans la zone centrale, grâce à la boucle *CLAVATA(CLV)/WUSCHEL(WUS)*. Les profils d'expression et les fonctions de *CLV/WUS* et *KNOX* sont partiellement redondantes dans la zone centrale.

2.3 L'organe : perte de l'identité méristématique

Origine méristématique de l'organe

Grâce à l'analyse clonale, il est possible de suivre le devenir d'une cellule du méristème dans l'organe en formation. Le principe de la technique est de mutagéniser une plante hétérozygote pour une mutation récessive facilement repérable à l'état homozygote (par exemple, une mutation qui induit un défaut de pigmentation chlorophyllienne) : la mutagenèse rend la mutation homozygote dans certaines cellules qui formeront un pool de cellules homozygotes pour la mutation (pour revue : Poethig, 1987 ; Poethig et Szymkoviak, 1995). Les plantes chimères obtenues peuvent être de différents types : chez les chimères périclines, la mutation touche une assise entière ; chez les chimères sectorielles, la mutation touche plusieurs assises d'un même domaine du méristème ; chez les chimères mé’riclines, la mutation touche une assise d'un domaine du méristème. L'analyse clonale a permis non seulement de déterminer le lignage cellulaire - par exemple les cellules germinales ont une origine L2 - mais aussi d'évaluer la cinétique d'initiation et en particulier le moment où les divisions cellulaires s'arrêtent. Enfin, ces expériences ont permis de déterminer le nombre de cellules à l'origine d'un organe. Il a ainsi été montré chez *Arabidopsis*, que 8 à 10 cellules de l'assise L2 sont à l'origine du primordium foliaire (Irish et Sussex, 1992 ; pour revue : Steeves et Sussex, 1989).

Initiation du primordium : extinction des gènes *KNOX*

Les gènes *KNOX* sont des gènes marqueurs des territoires méristématiques. Chez le maïs, *KN1* est exprimé dans l'ensemble du méristème sauf aux points d'initiation des primordia. Les autres gènes *KNOX* de classe I sont exprimés plus faiblement à la base du méristème. L'expression des gènes *KNOX* est

41

absente dans les feuilles en développement et dans les feuilles matures (pour revue: Jackson, 1996).

Chez *Arabidopsis*, le profil d'expression de *STM* présente les mêmes caractéristiques que celui de *KN1*. Plus généralement, l'initiation des feuilles, des sépales, des pétales et des étamines s'accompagne d'une extinction des gènes *KNAT*. Au contraire, l'expression de certains gènes *KNOX*, comme *STM* et *KNAT2*, est maintenue lors de la formation des carpelles et dans le placenta des carpelles, territoire méristématique qui met en place les ovules (Long *et al.*, 1996 ; Pautot *et al.*, 2001). Comme pour les autres primordia, l'initiation des primordia d'ovule est associée à une extinction des gènes *KNAT*.

Définition de la position du primordium : la phyllotaxie

Le déterminisme génétique de la phyllotaxie fait intervenir de nombreux acteurs du méristème, et en particulier les gènes *KNOX*. Le profil des gènes *KNOX* permet de prédire la position du futur primordium (Jackson *et al.*, 1994). En effet, chez *Arabidopsis*, l'expression de *STM* est absente dans les primordia en formation et à la position du futur primordium à l'intérieur même du méristème. Par ailleurs, l'allèle faible de *stm*, *waldmeister* (*wam*), présente des feuilles déformées, avec des insertions multiples sur la hampe suggérant un rôle de *STM* dans la position et l'espacement des organes latéraux (Felix *et al.*, 1996). Enfin, chez le tabac, la surexpression du gène *KNOX*, *NTH1*, conduit à une altération de la symétrie bilatérale des feuilles, les parties gauche et droite du limbe ayant des surfaces différentes. De façon étonnante, ces altérations sont corrélées à la phyllotaxie : l'augmentation de la surface du demi-limbe induit une courbure de la feuille qui suit le profil de l'hélice phyllotactique (Tamaoki *et al.*, 1999). L'ensemble de ces observations suggèrent que les gènes *KNOX* participent à la mise en place de la position des organes initiés, ou phyllotaxie.

La phyllotaxie est spiralée chez 85% des espèces, dont *Arabidopsis* : l'angle de divergence entre le primordium n et n+1 est de 137,5° en moyenne (Hall et Langdale, 1996 ; Callos et Medford, 1994). Un modèle, la théorie du champ d'inhibition, explique la régularité de ce patron en postulant que le développement d'un primordium est inhibé par la présence du ou des primordia voisins (Snow et Snow, 1931; pour revue : Lyndon, 1998). Les signaux associés à ces champs d'inhibition seraient biochimiques (Wardlaw, 1949) ou biophysiques (Green, 1985 ; pour revue : Green, 1997).

Le mutant *terminal ear 1* de maïs produit des phytomères de petite taille avec une phyllotaxie altérée (Veit *et al.*, 1998). La phyllotaxie du maïs sauvage est alterne. Chez *te1*, les feuilles ont une disposition opposée ou spiralée. Les cellules recrutées normalement pour un phytomère, seraient recrutées dans plusieurs phytomères entraînant à la fois une réduction de la taille des phytomères, et une altération de la phyllotaxie. Le gène *TE1* appartient à une famille de protéines liant les ARN (comme Mei2 de *S. pombe*, et FCA d'*Arabidopsis*). Le profil d'expression de TE1 est caractéristique : *TE1* est exprimé en anneau concentrique incomplet à la base de chaque phytomère, son expression étant absente au point d'initiation des primordia et dans les feuilles (Veit *et al.*, 1998). L'extinction de *TE1* serait donc nécessaire à la formation du primordium, révélant un rôle potentiel de TE1 dans la mise en place du champ d'inhibition dans la zone périphérique du méristème (pour revue : Scanlon, 1998).

De manière plus générale, les acteurs impliqués indirectement dans la mise en place de la phyllotaxie sont certainement nombreux, car la phyllotaxie est associée intimement au maintien du méristème et à l'émergence des primordia. Ainsi, les mutants présentant un méristème élargi, comme *clv*, *mgoun* et *fasciata*, chez *Arabidopsis*, et *abphyl* chez le maïs, présentent également une phyllotaxie anormale (Clark *et al.*, 1995 ; Laufs *et al.*, 1998a ; Leyser et Furner, 1992 ; Jackson et Hake, 1999).

L'expression ectopique des gènes *KNOX* dans les feuilles

La feuille de maïs présente une polarité proximo-distale marquée par la présence d'une gaine à la base, un limbe au pôle distal, et une ligule à la frontière entre la gaine et le limbe. Chez le mutant *kn1* gain de fonction, la ligule est déplacée vers le haut du limbe (pour revue: Hake, 1992). Par ailleurs, chez le sauvage, l'expansion

de la feuille s'accompagne d'une proximalisation progressive des zones en division active. Chez le mutant *kn1*, la présence des noeuds ectopiques sur le limbe est associée à un maintien de la prolifération cellulaire dans la partie médiane de la feuille, à un stade où les divisions cellulaires sont restreintes à la base de la gaine dans la feuille sauvage (pour revue: Hake, 1992). Enfin, les nervures secondaires du limbe du mutant *kn1* présentent des caractéristiques de nervures de gaine. En particulier, l'histologie, l'accumulation de lignine, et la localisation de protéines impliquées dans la photosynthése est caractéristique de la gaine (pour revue: Hake, 1992). L'ensemble de ces observations montre que les feuilles du mutant *kn1* gain de fonction sont proximalisées, i.e. qu'elles présentent des caractères proximaux dans des parties médianes ou distales de la feuille (pour revue: Hake, 1992). Un telle proximalisation de la feuille a également été observée chez les surexpresseurs du gène *KNOX LIGULELESS 3* de maïs (Fowler *et al.*, 1996; Schneeberger *et al.*, 1995).

Chez *Arabidopsis*, la surexpression de *STM* conduit chez une lignée à une désorganisation du méristème produisant plusieurs groupes de primordia non développés (Williams, 1998). La surexpression de *KNAT1* conduit à des feuilles dont les lobes sont très marqués. De façon remarquable, les feuilles portent des méristèmes et des stipules ectopiques sur la face adaxiale des sinus des lobes (Lincoln *et al.*, 1994 ; Chuck *et al.*, 1996). Or, les stipules sont caractéristiques de la base du pétiole chez les Dicotylédones. De même, la présence de méristèmes ectopiques sur le limbe, à l'aisselle des lobes, peut-être comparée à la présence des méristèmes axillaires à l'aisselle des feuilles.

Finalement, chez les Monocotylédones et les Dicotylédones, la surexpression des gènes *KNOX* induit une proximalisation des feuilles. De façon étonnante, Hth, un gène de drosophile proche des gènes *KNOX*, participe à la mise en place de l'axe proximo-distal des appendices. En effet, Hth est exprimé dans la partie proximale de l'aile et de la patte et son expression ectopique induit une proximalisation de ces organes (Casares et Mann, 2000).

Les gènes *KNOX* peuvent-ils être naturellement exprimés hors du méristème ? Chez la tomate ou l'arabette, l'observation de la morphologie des feuilles lobées des surexpresseurs de gènes *KNOX* a suggéré que le plan d'organisation « feuilles lobées » pouvait être associé à une expression des gènes *KNOX* en dehors du méristème, contrairement au plan d'organisation « feuille simple » nécessitant une extinction des gènes *KNOX* dans la feuille (Lincoln *et al.*, 1994 ; Hareven *et al.*, 1996).

Les feuilles lobées : des gènes *KNOX* exprimés dans les organes

La tomate (*Lycopersicon esculentum*) est une espèce à feuilles composées, les premiers folioles apparaissant au plastochrone 3 ou 4. (Dengler, 1984). Un orthologue de *KN1*, *TOMATO KN1 (TKN1)*, a été isolé chez la tomate (Sinha, 1997). *TKN1* est exprimé dans le méristème floral, dans les jeunes primordia et les feuilles en cours de développement, mais est absent des feuilles matures. La surexpression de gènes *KNOX* chez la tomate conduit à l'augmentation du nombre de folioles des feuilles (Hareven *et al.*, 1996 ; Chen *et al.*, 1997). Ces observations montreraient que des gènes *KNOX* peuvent être exprimés dans les primordia et que les feuilles composées ont des caractères proximaux et méristématiques. Ces observations sont en faveur du modèle de « continuum méristème – feuille » (Arber, 1950 ; pour revue : Sinha, 1997).

Une étude chez le pois a montré que la présence de feuilles lobées n'était pas associée à un maintien de l'expression du gène *PISUM SATIVUM KNOTTED1 (PSKN1)* (Hofer *et al.*, 2001). Cependant ce résultat constituerait une exception. En effet, une étude exhaustive de l'expression des gènes *KNOX* a été menée chez des plantes à feuilles composées du genre *Lepidium*, quelques espèces modèles et certaines espèces plus archaïques (Bharathan *et al.*, 2002). Toutes les espèces étudiées ont montré une répression de l'expression des gènes *KNOX* au point d'initiation des primordia. Mais chez les espèces à feuilles composées, l'expression des gènes *KNOX* est réactivée dans les lobes des primordia en développement. Chez certaines espèces à feuilles simples, une expression des gènes *KNOX* dans les primordia a été observée, mais dans ce cas, les primordia sont composés, et la feuille simple mature est le produit de la fusion des folioles (Bharathan *et al.*, 2002).

Déterminisme de l'extinction des gènes *KNOX*

L'analyse du phénotype des surexpresseurs de gènes *KNOX* a d'abord permis de montrer en quoi le développement foliaire est affecté par le maintien de l'expression des gènes *KNOX*. Sur la base de ce phénotype, l'isolement de mutants présentant une expression ectopique de gènes *KNOX* dans la feuille a permis ensuite de déterminer certains éléments de contrôle de l'extinction des gènes *KNOX* lors de l'initiation des organes.

Le mutant *rough sheath 2* (*rs2*) de maïs présente une proximalisation des feuilles, suite à l'expression ectopique de gènes *KN1* dans les primordia (Tsiantis *et al.*, 1999). Chez *Antirhinum*, le gène *PHANTASTICA* (*PHAN*), code un facteur de transcription de la famille MYB, qui réprime l'expression des gènes *KNOX* dans le primordium foliaire (Waites *et al.*, 1998). Il a été montré ensuite que *RS2* du maïs est l'orthologue de *PHAN* (Tsiantis *et al.*, 1999). Chez *Arabidopsis*, le gène *ASYMMETRIC LEAVES 1* (*AS1*) a été isolé par homologie de séquence avec *PHAN*. *AS1* est exprimé dans l'assise sous-épidermique des feuilles et dans le méristème (Byrne *et al.*, 2000). Le mutant *as1* produit des feuilles légèrement tordues qui présentent des proéminences à la base du limbe (Barabas and Rédei, 1971 ; Tsukaya et Uchimiya, 1997). Le nombre d'hydathodes et de dentelure est réduit (Tsukaya et Uchimiya, 1997) et le réseau vasculaire est perturbé (Byrne *et al.*, 2000). AS1 réprime l'expression de *KNAT1*, *KNAT2* et *KNAT6* (Byrne *et al.*, 2000 ; Semiarti *et al.*, 2001). L'expression de *AS1* est négativement contrôlée par *STM* (Ori *et al.*, 2000 ; Byrne *et al.*, 2000). Des suppresseurs de *as1-1* ont été recherchés et ont abouti à l'isolement de la mutation *symmetrica*. *SYMMETRICA* serait réprimé par *AS1*, et induirait *KNAT1*, *KNAT2* et *KNAT6* (Hudson *et al.*, 2002).

D'autres gènes régulent l'expression des gènes *KNOX* dans la feuille. Le mutant *asymmetric leaves 2 (as2)* présente, comme *as1*, des feuilles légèrement lobées et ce phénotype a également été associé à la surexpression des gènes *KNOX* de classe I (Tsukaya et Uchimiya, 1997 ; Ori *et al.*, 2000 ; Semiarti *et al.*, 2001). AS2 appartient à une famille de 42 protéines qui présentent toutes un domaine Leucine zipper et un domaine riche en cystéines (Iwakawa *et al.*, 2002). La mutation *serrate* (*se*) aggrave le phénotype des mutants *as1* et *as2*, les doubles mutants *se as1* et *se as2* phénocopiant les surexpresseurs de *KNAT1* (Ori *et al.*, 2000). La mutation *pickle* (*pkl*) aggrave également le phénotype des mutants *as* (Ori *et al.*, 2000). Le gène *SE* code une protéine à doigt de zinc exprimée dans le méristème et sur la face adaxiale des feuilles (Prigge et Wagner, 2001). Les mutations *as1, as2, se as1* et *se as2* induisent une expression ectopique de *KNAT1* et *KNAT2* dans les feuilles, mais n'altèrent pas leur profil d'expression dans le méristème et dans les primordia (Ori *et al.*, 2000 ; Semiarti *et al.*, 2001). Ce résultat suggère la présence d'autres régulateurs négatifs plus précoces de l'expression des gènes *KNOX* dans les primordia.

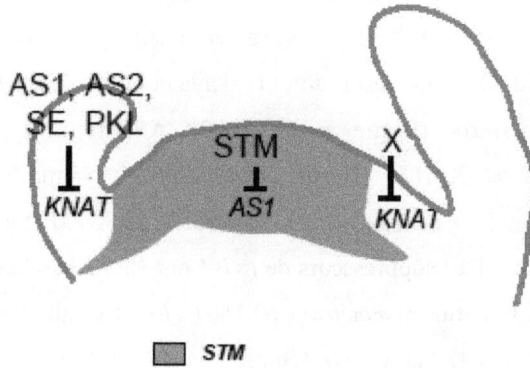

Déterminisme génétique de l'extinction des gènes *KNAT* dans le méristème apical caulinaire d'*Arabidopsis*.

En bref :

Outre son automaintien, le méristème génère des organes latéraux. L'expression des gènes *KNOX* doit être éteinte pour que le développement normal de l'organe ait lieu. L'extinction des gènes *KNOX* à la position du futur primordium dans le méristème prédit la phyllotaxie. Cependant, à ce jour, aucun rôle direct des gènes *KNOX* dans la mise en place de la phyllotaxie n'a été démontré. Chez *Arabidopsis* les produits des gènes *ASYMMETRIC LEAVES*, réprime l'expression des gènes *KNOX* dans les primordia en développement. Chez les espèces à feuilles lobées, au contraire, une expression des gènes *KNOX* dans les feuilles a été observée.

2.4 Définition du territoire méristématique

Les données précédentes montrent l'idée d'un continuum entre le méristème et l'organe, le cas des feuilles lobées étant le plus démonstratif. Par ailleurs, l'identité organe et l'identité méristème paraissent mutuellement exclusives. Le territoire entre le méristème et l'organe, la frontière, constitue donc une entité à part. Comme présentés ci-après, l'ambiguïté de sa position est associée à la dualité des ses fonctions : la frontière définit d'une part une limite du domaine méristématique, et d'autre part elle a des propriétés méristogènes, comme le démontre la présence de méristèmes axillaires à l'aisselle des organes.

La frontière, une limite entre les organes et le méristème

• Les mutants dans les gènes de la famille NAC

Comme nous l'avons vu plus haut, la mise en place du primordium est précédée par l'extinction de certains marqueurs de l'identité méristématique. Une fois le primordium initié, une frontière entre le méristème et l'organe, et entre les organes entre eux se crée. L'établissement de cette frontière est contrôlé en majorité par les gènes de la famille de facteurs de transcription NAC (NO APICAL MERISTEM (NAM) / CUP SHAPED COTYLEDON (CUC)). En effet, le mutant *nam* de pétunia présente une absence de méristème apical et ses cotylédons sont fusionnés (Souer *et al.*, 1996). Chez *Arabidopsis*, le double mutant *cuc1 cuc2* présente également des cotylédons fusionnés en coupe (Aida *et al.*, 1997 ; Aida *et al.*, 1999). *CUC1* et *CUC2* sont redondants : le phénotype des simples mutants *cuc1* et *cuc2* est très proche du phénotype sauvage (Aida *et al.*, 1997). A la fin de l'embryogenèse, les gènes *CUC* sont exprimés dans une zone frontière entre le méristème et le cotylédon, et entre les cotylédons (Aida *et al.*, 1999 ; Ishida *et al.*, 2000 ; Takada *et al.*, 2001). Les gènes *NAC* sont également exprimés dans les frontières des organes dans le méristème végétatif, d'inflorescence et floral (Souer *et al.*, 1996 ; Ishida *et al.*, 2000 ; Takada *et al.*, 2001). Ces gènes pourraient donc avoir un rôle dans la mise en place des frontières pendant l'ensemble du développement embryonnaire et post-embryonnaire. Chez le mutant *nam*, des organes floraux fusionnés sont observés sur les tiges initiées à faible fréquence (Souer *et al.*, 1996). De plus, des plantes *cuc1 cuc2* régénérées à partir d'hypocotyle présentent également des organes floraux fusionnés (Aida *et al.*, 1997 ; Ishida *et al.*, 2000). Ces résultats démontrent le rôle des gènes *NAM* et *CUC* dans la mise en place des frontières dans le méristème. L'étude des autres membres de la famille, pourrait apporter de nouvelles indications sur le rôle des gènes *NAC* dans la mise en place des frontières.

La notion de frontière dépasse largement le champ du méristème apical. Ainsi, dans la fleur, d'autres gènes cadastraux, comme *UNUSUAL FLOWER* (*UFO*) et *SUPERMAN* ont été identifiés (Jacobsen et Meyerowitz 1997 ; Zhao *et al.*, 2001).

• Un rôle des gènes *KNOX* ?

Le mutant *stm* présente des cotylédons fusionnés à leur base, suggérant un rôle de *STM* dans l'établissement des frontières. D'autres mutants présentent également des fusions partielles. C'est le cas du mutant *pin1*, affecté pour le transport polarisé de l'auxine : il présente des fusions partielles et peu fréquentes de ses organes foliaires (Aida *et al.*, 2002). Le double mutant *pin1 stm2* phénocopie le double mutant *cuc1 cuc2* (Aida *et al.*, 2002). Ce résultat démontre le rôle des protéines PIN1 et STM dans la mise en place des frontières. STM activerait la voie *CUC1*, étant donné qu'un mutant *pin1cuc1* phénocopie aussi le double mutant *cuc1cuc2* (Aida *et al.*, 2002).

En outre, ces résultats montrent l'existence d'un lien étroit entre les gènes *STM* et *CUC* : l'expression de *STM* est absente chez le mutant *cuc1 cuc2* (Aida *et al.*, 1999). Par ailleurs, la surexpression de *CUC1* induit une expression ectopique de *STM* (Takada *et al.*, 2001). Enfin, l'absence de méristème chez les mutants *cuc1 cuc2* et *nam* impliquent une fonction de gènes de la famille NAC dans la mise en place du méristème, et suggère plus généralement un lien entre la mise en place d'une frontière et la mise en place du méristème.

Mise en place des méristèmes axillaires

La frontière sépare le domaine méristématique du domaine organe, et sépare les organes entre eux. A proximité de ce domaine, les méristèmes axillaires sont induits. Chez la tomate, des études de lignage cellulaire ont montré que les méristèmes axillaires dérivent du méristème apical caulinaire. Chez *Arabidopsis*, les méristèmes axillaires dériveraient des organes latéraux, et seraient donc néoformés (pour revue : Traas et Doonan, 2001). Quel lien existe-t-il entre frontière et mise en place des méristèmes axillaires ?

• Rôle des gènes *NAC*

Comme décrit précédemment les gènes *NAC* ont un rôle prépondérant dans la mise en place de la frontière. Les gènes NAC sont également impliqués dans la mise en place des méristèmes. Le double mutant *cuc1 cuc2* non seulement présente des cotylédons fusionnés, mais aussi une absence de méristème apical. Inversement, la surexpression du gène *CUC1* élargit le domaine de compétence méristogène dans la base de la feuille, d'où la présence de méristème ectopique sur la face adaxiale des cotylédons (Takada *et al.*, 2001).

• Rôle des gènes *KNOX*

Les gènes *KNOX* sont impliqués dans la mise en place des méristèmes. La surexpression de gènes *KNOX, STM, KNAT1, KNOTTED1* induit des méristèmes ectopiques sur la face adaxiale des feuilles *d'Arabidopsis* (Vollbrecht *et al.*, 1991; Chuck *et al.*, 1996), Par ailleurs, l'induction des méristèmes ectopiques chez les surexpresseurs de *KNAT1* apparaissent dans les sinus, suggérant que les sinus des lobes pourraient avoir une identité frontière.

Lors de l'initiation des organes latéraux, la frontière est d'abord mise en place sur la face adaxiale du futur primordium. En effet, les premières cellules méristématiques qui quittent la zone centrale pour entrer dans la zone périphérique sont « mécaniquement » adjacentes au méristème. Par ailleurs, comme vu précédemment, les surexpresseurs de *CUC1* et de *KNAT1* présentent des méristèmes ectopiques sur la face adaxiale uniquement. Les principaux déterminants de la mise en place de l'identité adaxiale, nécessaires à la mise en place des méristèmes axillaires, sont détaillés dans la partie suivante.

Rôle de l'identité adaxiale des organes

La polarité adaxiale – abaxiale de la feuille est représentée principalement par la différenciation de l'épiderme et du parenchyme foliaire, ainsi que la disposition des faisceaux de phloème et de xylème dans les nervures. La présence de trichomes, d'un parenchyme palissadique et du xylème sont caractéristiques de la face adaxiale des feuilles de rosette. L'induction des méristèmes axillaires a toujours lieu sur la face adaxiale. Quels sont les déterminants de la compétence méristogène de la face adaxiale des organes ?

- Les gènes *HD-Zip*

Le mutant *phabulosa-1d* (*phb-1d*) *d'Arabidopsis* présente tous les caractères adaxiaux sur la face abaxiale (McConnell et Barton, 1998). Le gène *PHB*, également dénommé *ATHB14*, code une protéine à homéodomaine avec un domaine Leucine zipper (famille HD-ZIP) (McConnell *et al.*, 2001). La mutation *phavoluta* (*phv*) dans le gène *ATHB9* de la même famille conduit à un phénotype proche de celui de *phb* (McConnell *et al.*, 2001). Le mutant dans le gène HD-ZIP *REV* présente des défauts d'induction des axes secondaires, les paraclades, en raison de l'absence de développement des méristèmes axillaires (Talbert *et al.*, 1995). La famille des gènes HD-Zip semble donc avoir un rôle prépondérant dans la mise en place de la polarité adaxiale-abaxiale.

L'expression de *PHB* est présente dans le méristème au voisinage du primordium, et jusqu'au stade P2, suggérant un fonctionnement couplé du méristème et du primordium pour la mise en place de la polarité (McConnell *et al.*, 2001). Lorsqu'un jeune primordium de *Solanum tuberosum* est isolé physiquement du méristème par une séparation imperméable, le primodium est abaxialisé, suggérant la présence d'un signal adaxialisant émis par le méristème (Sussex, 1954 ; Sussex, 1955a ; Sussex, 1955b). Or, les protéines PHB et PHV possèdent un domaine de liaison aux stérols, le domaine START (McConnell *et al.*, 2001). Un dérivé stérol pourrait constituer ce signal méristématique, régulant l'activité des protéines PHB et PHV et induisant le développement de l'identité adaxiale. La nature biochimique exacte de ce dérivé reste à déterminer (pour revue : Bowman et Eshed, 2000). Les molécules de la famille des brassinostéroides sont des candidats possibles. Dans ce cadre, le profil d'expression du gène *CYP85*, codant une protéine impliquée dans la synthèse des brassinostéroïdes, a été décrit dans le méristème de tomate (Pien *et al.*, 2001b). Celui-ci est exprimé comme les homologues de *PHAN* du côté du méristème qui initie un primordium, suggérant un rôle de CYP85 dans la mise en place de la polarité adaxiale-abaxiale des organes (Pien, communication personnelle).

• Les gènes *YABBY*

Les protéines de la famille YABBY *(*YAB*)*, caractérisées par un motif doigt de zinc et un domaine hélice-boucle-hélice, contrôlent l'abaxialisation des feuilles et des rganes floraux (Bowman et Smyth, 1999 ; Siegfried *et al.*, 1999). Ainsi, la surexpression des gènes *FILAMENTOUS FLOWER (FIL)* ou *YAB3* induit une abaxialisation de la surface adaxiale des feuilles. Les gènes *YAB* sont exprimés sur la face abaxiale des feuilles (Sawa *et al.*, 1999 ; Siegfried *et al.*, 1999). Toutefois, le double mutant *fil yab3* ne présente cependant pas d'adaxialisation, ce qui suggèrent que d'autres gènes agissent en redondance dans le déterminisme de l'identité abaxiale (Siegfried *et al.*, 1999). Dans les feuilles du mutant *kanadi*, la face abaxiale est adaxialisée (Kerstetter *et al.*, 2001). Le gène *KAN* code une protéine possédant un domaine GARP, permettant la liaison à des séquences spécifiques d'ADN (Kerstetter *et al.*, 2001). *KAN* est exprimé sur la face abaxiale des organes. La surexpression de *KAN* induit une abaxialisation des cotylédons (Kerstetter *et al.*, 2001). Le mutant *crabs claw* (*crc*) qui affecte l'un des membres de la famille *YABBY* a été initialement isolé pour ses défauts de développement du carpelle (Alvarez *et al.*, 1999, Bowman and Smith 1999). L'analyse du double mutant *crc kan* a permis de réveler un rôle de *CRC* dans la polarité abaxiale du carpelle. En effet, les doubles mutants *crc kan* montrent une adaxialisation de la surface abaxiale des carpelles puisqu'ils initient des ovules sur la surface externe des parois des carpelles (Kerstetter *et al.*, 2001).

En conclusion, les protéines des familles HD-Zip et YABBY sont les principaux acteurs de la mise en place des identités adaxiales et abaxiales (pour revue :

Tsukaya, 2002).

La mise en place des méristèmes marginaux dans la feuille a lieu au niveau de la frontière entre les faces abaxiales et adaxiales des feuilles, suggérant encore une fois que la mise en place d'un territoire « méristématique » est associée à la polarité de l'organe et à une zone frontière. De même, le cambium est mis en place entre le phloème et le xylème, et la polarité des tissus vasculaires est contrôlé par *REV/IFL* (Zhong et Ye, 1999 ; McConnell *et al.*, 2001, pour revue : Tsukaya, 2002). Les gènes *KNOX* sont également impliqués dans la mise en place des identités adaxiale et abaxiale.

• Rôle des gènes *KNOX*

Chez *Antirhinum*, le mutant *phantastica* présente des feuilles filiformes, avec tous les caractères abaxiaux sur la face adaxiale. Contrairement aux mutants *phb-1d* et *phv,* les feuilles du mutant *phantastica (phan)* présente des feuilles abaxialisées. En particulier, aucun méristème axillaire n'est induit. La protéine PHAN constitue donc un signal adaxialisant dans la feuille (Waites et Hudson, 1995). Ce résultat suggère donc, en première hypothèse, un rôle de la répression des gènes *KNOX* dans la mise en place de l'identité adaxiale. Toutefois, la radialisation des feuilles du mutant *phan* peut être interprétée comme une proximalisation foliaire, étant donné que le pétiole a une symétrie radiale. De plus, contrairement aux gènes *PHB* et *YABBY*, l'expression du gène *PHAN* est précoce et n'est pas polarisée dans les primordia et les feuilles, en conformité avec un rôle plus large du gène dans la mise en place de la polarité adaxiale-abaxiale *et* proximo-distale.

Récemment, une interaction entre les gènes des familles *YABBY* et *KNOX* a été révélée : une dé-répression des gènes *STM, KNAT1* et *KNAT2* est observée chez le double mutant *fil yab3*. Comme indiqué plus haut, *FIL* et *YAB3* sont deux gènes appartenant à la famille YABBY, et impliqués dans l'établissement de la polarité abaxiale des organes (Kumaran *et al.*, 2002). Ces résultats permettent donc de lier au plan génétique l'identité adaxiale, réprimée par les protéines de la famille YABBY, et les gènes *KNOX*, induits lors de la mise en place des méristèmes axillaires. Plus généralement, nous avons vu plus haut que les gènes *KNOX* sont impliqués dans la mise en place de l'identité proximo-distal du primordium. Ces résultats démontreraient alors l'existence d'un lien entre polarité adaxiale-abaxiale et polarité proximo-distale, comme cela est le cas chez les Animaux. Ainsi, chez la drosophile, les gènes du patron proximo-distal interagissent également avec les gènes du patron dorso-ventral. En particulier Hth, déterminant la polarité proximo-distale de l'aile bloque certaines activités de la voie Notch spécifiant la polarité dorso-ventrale de l'aile (Casares et Mann, 2000).

En bref :

L'organe en formation est entouré d'une frontière le séparant du méristème et des autres organes. La frontière, déterminée par les gènes des familles NAC, est également impliquée dans la mise en place des méristèmes axillaires. L'identité adaxiale des organes, déterminée principalement les gènes HD-ZIP et YAB, est nécessaire à la mise en place des méristèmes axillaires. Chez *Arabidopsis*, les gènes *KNAT1* et *STM* induits par les protéines CUC, et réprimés par les protéines YAB, sont au coeur des fonctions cadastrales et méristogènes du territoire frontière.

Finalement, le territoire méristématique est délimité par une frontière, dont les déterminants sont également impliqués dans la mise en place des méristèmes. Les acteurs de cette boucle d'événements sont-ils présents lors de l'embryogenèse, en particulier lors de la mise en place du méristème apical ?

2.5 Mise en place du méristème dans l'embryon

Chez les Dicotylédones, le méristème apical est mis en place entre les ébauches cotylédonnaires. Chez les Monocotylédones, le méristème apical est mis en place latéralement, à la base du cotylédon unique, le scutellum. L'activité du méristème au cours de l'embryogenèse est variable : chez *Arabidopsis*, le méristème développe seulement deux ébauches de primordia foliaires, alors que chez le maïs, les premières feuilles sont produites au cours de l'embryogenèse (pour revue : Evans et Barton, 1997). Les gènes *STM* chez *Arabidopsis* et *KN1* chez le maïs sont des marqueurs de la zone appelée à former le futur méristème apical caulinaire. Pour comprendre la contribution des gènes *KNOX* dans la mise en place du méristème au cours de l'embryogenèse, nous nous limiterons au modèle *Arabidopsis*.

Apparition des marqueurs du méristème au cours de l'embryogenèse

Le méristème apical est mis en place tardivement au cours de l'embryogenèse d'*Arabidopsis* : la structure histologique du méristème apical caulinaire n'est visible qu'au stade torpille (Barton et Poethig, 1993). Cependant, les premiers marqueurs méristématiques, comme *WUS*, sont exprimés dès le stade 16 cellules (pour revue : Lenhard et Laux, 1999 ; Bowman et Eshed, 2000). L'expression de *STM*, *CUC1*, *CUC2* et *ANT* est induite au stade globulaire tardif, juste avant l'initiation des cotylédons (Long et Barton, 1998 ; Aida *et al.*, 1999). Leur profil se régionalise au cours de l'embryogenèse définissant différents domaines dans l'embryon. A la position du futur méristème sont exprimés *STM*, *CUC1* et *CUC2* ; les futurs cotylédons sont initiés à partir d'un domaine exprimant *AINTEGUMENTA (ANT)* ; les quatre marqueurs sont exprimés dans les frontières entre les cotylédons (Long et Barton, 1998 ; Aida *et al.*, 1999 ; Takada *et al.*, 2001). Au stade torpille, le profil d'expression des gènes cités suit celui

59

observé dans l'apex végétatif. Dans les cotylédons, les gènes marqueurs suivent également un profil proche de celui observé dans les feuilles. Ainsi, le gène *FIL* impliqué dans la définition de l'identité abaxiale des organes est exprimé dans la face abaxiale des cotylédons (Siegfried *et al.*, 1999).

Rôle de *STM* dans la mise en place du méristème apical

Utilisé comme marqueur méristématique, l'expression de *STM* a pu être détectée au sommet de l'embryon globulaire, prédisant un territoire méristématique avant sa structuration au niveau histologique (Long *et al.*, 1996 ; Long et Barton, 1998). Par ailleurs, aucun méristème n'est initié pendant l'embryogenèse chez le mutant *stm* et l'expression de *CLV1* et de *UFO* au stade coeur précoce chez le sauvage, n'est pas maintenue chez le mutant *stm* (Long et Barton, 1998). Toutefois, la fonction méristématique de *UFO*, bien caractérisée dans la fleur, est inconnue dans l'embryon et le méristème végétatif (Levin et Meyerowitz, 1995 ; Wilkinson et Haughn, 1995 ; Lee *et al.*, 1997). Ces observations indiquent un rôle de *STM* dans la formation du méristème apical pendant l'embryogenèse. D'autres gènes *KNOX* pourraient être impliqués dans l'induction des méristèmes. Ainsi, la surexpression de *KNAT1* conduit à l'induction de méristèmes ectopiques sur la face adaxiale des feuilles (Chuck *et al.*, 1996).

Le mutant *wus* présente un méristème apical végétatif normal à la fin de l'embryogenèse, suggérant en première approche un rôle mineur de *WUS* dans la mise en place du méristème au cours de l'embryogenèse (Mayer et al ., 1998). Cependant, des études d'épistasie montrent que *STM* agit en amont de *WUS*, et le phénotype des allèles faibles de *stm* est aggravé dans le contexte mutant *wus*, impliquant un rôle de *WUS* dans l'embryogenèse en aval de *STM* (Endrizzi *et al.*, 1996). Par ailleurs, au début de l'embryogenèse, l'expression de *STM* n'est

60

pas altérée chez *wus,* et l'expression de *WUS* n'est pas altérée chez le mutant *stm (contrairement à ce qui est observé dans le méristème apical des plantules après germination, voir partie 2.2).* Ces résultats suggèrent que l'induction de l'expression de *WUS* et de *STM* au cours de l'embryogenèse sont indépendantes l'une de l'autre (Mayer *et al.,* 1998).

Les gènes inducteurs des marqueurs méristématiques

L'expression de *WUS, STM, CUC1, CUC2* et *ANT* permet d'identifier la cinétique de mise en place du méristème. Quel signal induit la mise en place de ces marqueurs ?

CUC1 et *CUC2* peuvent induire l'expression de *STM* au cours de l'embryogenèse, et former des méristèmes ectopiques (Aida *et al.,* 1999 ; Takada *et al.,* 2001). De plus, comme vu précédemment, le double mutant *cuc1 cuc2* possède des cotylédons fusionnés en coupe, et n'a pas de méristème apical embryonnaire. *CUC1* et *CUC2* participeraient donc à la mise en place du méristème au cours de l'embryogenèse.

Le méristème de l'embryon du mutant *zwille/pinhead (zll/pnh)* n'est pas fonctionnel (Jürgens *et al.,* 1994 ; McConnell et Barton, 1995). *ZLL/PNH* est nécessaire au maintien d'une expression normale de *STM* au cours de l'embryogenèse, mais n'interfère pas avec l'expression de *STM* dans le développement post-embryonnaire (Moussian *et al.,* 1998). Le gène *ARGONAUTE1 (AGO1)* aurait une fonction partiellement redondante de *ZLL/PNH* (Lynn *et al.,* 1999). PNH/ZLL et AGO1 sont 2 des 8 membres d'une famille de facteurs de traduction homologues à eIL2C chez *Arabidopsis* (Moussian et a., 1998, Lynn *et al.,* 1999 ; Bohmert *et al.,* 1998). Les embryons des doubles mutants *pnh ago1* ne produisent pas de méristème apical et le gène

STM n'est pas exprimé. Toutefois, le rôle de ZLL/PNH serait plus précoce : le gène *ZLL/PNH* s'exprime dès le stade 4 cellules de l'embryon alors que l'expression de *AGO1* est induite au stade globulaire (Moussian *et al.*, 1998 ; Lynn *et al.*, 1999). Finalement, Le gène *ZLL/PNH* agirait donc en synergie avec *AGO1* pour activer et maintenir l'expression de *STM* pendant l'embryogenèse (Bohmert *et al.*, 1998 ; Lynn *et al.*, 1999).

De façon intéressante, les mutants *zll/pnh* et *ago1* présentent un phénotype foliaire proche de celui de *phb-1d* (Lynn *et al.*, 1999). Le profil d'expression de *ZLL/PNH* et de *AGO1* est proche de celui de *PHB* dans les feuilles (Lynn *et al.*, 1999 ; McConnell *et al.*, 2001). *ZLL/PNH* et *AGO1* pourraient donc avoir des fonctions redondantes avec *PHB*, suggérant que certains déterminants de la mise en place du méristème apical au cours de l'embryogenèse préfigure la mise en place des méristèmes axillaires lors du développement post-embryonnaire.

En bref :
Au cours de l'embryogenèse d'*Arabidopsis*, la mise en place du méristème apical caulinaire fait intervenir *STM* et *WUS*. L'induction de *STM* ferait intervenir les gènes *CUC*, *AGO1* et *ZLL/PNH*. Les gènes de frontière (*CUC*, *UFO*) et les gènes de polarité adaxiale-abaxiale (*ZLL/PNH*, *AGO1*) sont requis pour la mise en place du méristème pendant l'embryogenèse.

Les gènes KNOX sont nécessaires au fonctionnement correct du méristème. Le mode d'action des protéines KNOX in planta est toutefois encore inconnu. La découverte de plusieurs interactions entre les protéines KNOX et certaines voies de signalisation, présentées dans la partie suivante, pourraient révéler qu'une part de la fonction des protéines KNOX est médiée par les hormones.

3. Les protéines KNOX et la signalisation

Depuis leur isolement, ļes cytokinines ont été associées à la division cellulaire, et donc aux fonctions méristématiques. La découverte de la synergie entre les protéines KNOX et les cytokinines a conforté ce paradigme. De façon moins évidente, un lien antagoniste a également été mis en évidence entre les protéines KNOX et les gibbérellines.

3.1 Un lien entre les protéines KNOX et les cytokinines

Augmentation du niveau de cytokinines par les protéines KNOX

Les cytokinines ont été originellement décrites par Skoog et Miller comme des molécules capables de promouvoir la division cellulaire dans des cultures cellulaires, en combinaison avec l'auxine (Miller *et al.*, 1955). Les cytokinines naturelles sont des dérivés de l'adénine. La variété des cytokinines est due à la nature du groupement en position N6 de l'adénine elle-même sous la forme d'une base libre, d'un riboside ou d'un ribotide (pour revue: Mok et Mok, 2001). Outre la régulation du cycle cellulaire, les cytokinines ont également été associées à un grand nombre de réponses physiologiques, telles que la sénescence, la dominance apicale, le développement des chloroplastes, la synthèse d'anthocyanine et les relations puitssource dans la plante. Les différents mécanismes de contrôle du niveau endogène de cytokinines actives sont présentés ci-après (pour revue : Mok et Mok, 2001).

La synthèse des cytokinines dans la plante est encore mal connue. Elle ferait intervenir des isopentenyl transférases (IPT) d'abord isolées chez des procaryotes et ensuite identifiées chez les Plantes (Kakimoto *et al.*, 2001; Takei *et al.*, 2001). L'adénine, précurseur de l'AMP, serait à l'origine des cytokinines. Les ARN de transfert pourraient également constituer une source de cytokinines, la dégradation des ARNt pouvant potentiellement fournir 50% des cytokinines libres (pour revue : Mok et Mok, 2001). Les cytokinines oxidases (CKO) dégradent les cytokinines en clivant la chaîne latérale en N6. Par ailleurs, les cytokinines peuvent être conjuguées au glucose ou au xylose grâce aux fonctions hydroxyl présentes sur la chaîne en N6. L'Oglucosylzéatine est ainsi résistante à la dégradation par la CKO, et peut être convertie en forme active par une β-glucosidase. La conjugaison pourrait dès lors servir de forme de stockage des cytokinines, et participer à la régulation du pool de cytokinines actives (pour revue : Mok et Mok, 2001). Une activité cis-trans isomérase a été mesurée chez le haricot. L'isomérase permettrait de contrôler le dosage entre l'isomère cis moins actif et l'isomère trans le plus actif (pour revue : Mok et Mok, 2001). Synthèse, conjugaison, isomérisation et dégradation sont les quatre voies qui régulent finement le niveau de cytokinines actives dans la cellule. Certains gènes codant les enzymes de synthèse, de conjugaison et de dégradation ont été clonés (pour revue: Mok et Mok, 2001). De nombreuses données indiquent que la fonction des protéines KNOX s'effectue *via* une augmentation du niveau de cytokinines endogènes dans le méristème.

Des plantes transgéniques surexprimant le gène *IPT* produisent des méristèmes ectopiques sur les feuilles. Ce phénotype a été corrélé à un contenu plus élevé en cytokinines. Cela suggère un rôle des cytokinines dans la mise en place des méristèmes (Estruch *et al.*, 1991). Réciproquement, des plantes transgéniques surexprimant une cytokinine oxidase montrent une réduction de la taille du méristème, suggérant que les cytokinines endogènes ont une activité mitogène au sein même du méristème (Werner *et al.*, 2001). Des niveaux anormalement élevés en cytokinines ont été observés chez plusieurs lignées surexprimant des gènes *KNOX* (Tamaoki *et al.*, 1997 ; Kusaba *et al.* 1998a ; Frugis *et al.,* 1999 ;

Hewelt *et al.*, 2000). Un retard de sénescence foliaire a pu être associé à ce phénotype chez une lignée surexprimant le gène *KNOTTED1* sous le contrôle du promoteur *SAG12* induit lors de la sénescence (Ori *et al.*, 1999). Par ailleurs, la surexpression de certains gènes KNOX conduit à une augmentation de la capacité de régénération. C'est ainsi le cas chez des laitues transgéniques surexprimant *KNAT1* (Frugis *et al.*, 1999). Les feuilles des mutants *asymmetric leaves 1* et *asymmetric leaves 2* surexprimant les gènes *KNOX* présentent également une capacité de régénération augmentée sur un milieu de culture sans hormone (Semiarti *et al.*, 2001). L'ensemble de ces résultats suggère qu'une part de la fonction des protéines KNOX s'effectue *via* une augmentation de l'activité des cytokinines. L'identification des différents gènes codant les protéines de synthèse, de dégradation, de conjugaison et d'isomérisation des cytokinines devrait permettre de préciser par quelle voie les protéines KNOX régulent le contenu en cytokinines actives.

Régulation de l'expression des gènes *KNOX* par les cytokinines

Le phénotype des surexpresseurs de gènes *KNOX* a pu être corrélé à une augmentation du niveau de cytokinines. Réciproquement, chez le mutant *amp1*, surproducteur de cytokinines, et chez des lignées surexprimant le gène *IPT* sous contrôle d'un promoteur inductible à la chaleur, des niveaux plus élevés d'ARNm *KNAT1* et *STM* ont été mesurés (Rupp *et al.*, 1999). Cette observation montre que l'effet positif des protéines KNOX sur le niveau de cytokinines est soumis à un rétrocontrôle positif, impliquant ainsi que les gènes *KNOX* sont à la fois en amont et en aval des cytokinines. Quel est alors la nature des protéines induites par les cytokinines, et capable d'activer ou de dé-réprimer la transcription des gènes *KNOX* ?

Des données récentes ont permis de proposer un modèle assez complet de la voie de transduction des cytokinines, et pourrait fournir quelques candidats d'inducteurs de l'expression des gènes *KNOX* (pour revue: Hutchison et Kieber, 2002). Le modèle suivant a été proposé : les donnes obtenues sur le mutant *wol/cre1* montrent qu'une histidine kinase joue le rôle de récepteur des cytokinines. Une interaction a pu être démontrée entre les cytokinines et le domaine extracellulaire CHASE de CRE1. AHK2 et AHK3, deux homologues de CRE1 pourraient également jouer le rôle de récepteur des cytokinines. Ces protéines appartiennent à la famille des protéines du système à deux composants (Inoue *et al.*, 2001). La fixation des cytokinines induit une autophosphorylation sur un résidu His dans le domaine « transmitter », et un transfert du phosphate vers un résidu Asp du domaine « receiver », lui-même étant ensuite transféré sur un résidu His d'une protéine de transfert de groupement phosphate (AHP). 5 gènes codant des protéines AHP ont été identifiées dans le génome d'*Arabidopsis* (Suzuki *et al.*, 2000). Les AHP sont alors adressées au noyau, et elles activent la classe B des « *Arabidopsis* Response Regulators » (ARR). La famille des 22 ARR comprend une classe A, contenant un domaine « receiver » et de courtes extensions N et C terminales, et une classe B, contenant un domaine « receiver » et une longue extension C terminale impliquée dans la liaison a l'ADN et l'activation de la transcription. Les ARR-A sont induits en présence de cytokinines exogènes, alors que le niveau d'ARR-B reste stable en présence et en absence de cytokinines. Les ARR-B activent la transcription des ARR-A. Les ARR-A répriment leur propre expression, et peut-être l'ensemble de la voie cytokinine (pour revue : Hutchison et Kieber, 2002).

D'après les données présentées précédemment, les gènes *KNOX* pourraient être les cibles des ARR. Le mutant *arr1* montre une réduction de la sensibilité aux cytokinines sur la base d'un test de régénération, et un surexpresseur de *ARR1* a au contraire une réponse plus marquée (Sakai *et al.*, 2001). L'expression d'une forme tronquée de ARR1 sans le domaine « receiver » induit des divisions cellulaires anarchiques dans le méristème apical, la formation de cals sur les cotylédons et l'hypocotyle, et la formation de feuilles ectopiques (Sakai *et al.*, 2001). Ces réponses ont été associées à une activation de la voie cytokinine, et sont corrélées avec le fait que le domaine N-terminal des ARR-B réprime le domaine d'activation situe en Cterminal. La surexpression de *ARR2* induit également des réponses associées aux cytokinines, comme la prolifération cellulaire, une augmentation de la capacité de régénération, et un retard de sénescence (Hwang et Sheen, 2001).

Toutefois, il ne peut pas être exclu que l'induction de l'expression des gènes *KNOX* par les cytokinines soit médiée par d'autres acteurs. Ainsi, d'autres effecteurs de la voie des cytokinines ont été identifiés: les gènes *CYTOKININ HYPERSENSITIVE 1* et *2* sont impliqués dans une répression de la voie des cytokinines (Kubo et Kakimoto, 2000). Le mutant *pasticcino1* présente une dérégulation de la division cellulaire, accrue en présence de cytokinines. *PASTICCINO1*, codant une protéine homologue aux immunophilines, serait impliquée dans le niveau de sensibilité aux cytokinines (Faure *et al.*, 1998; Vittorioso *et al.*, 1998).

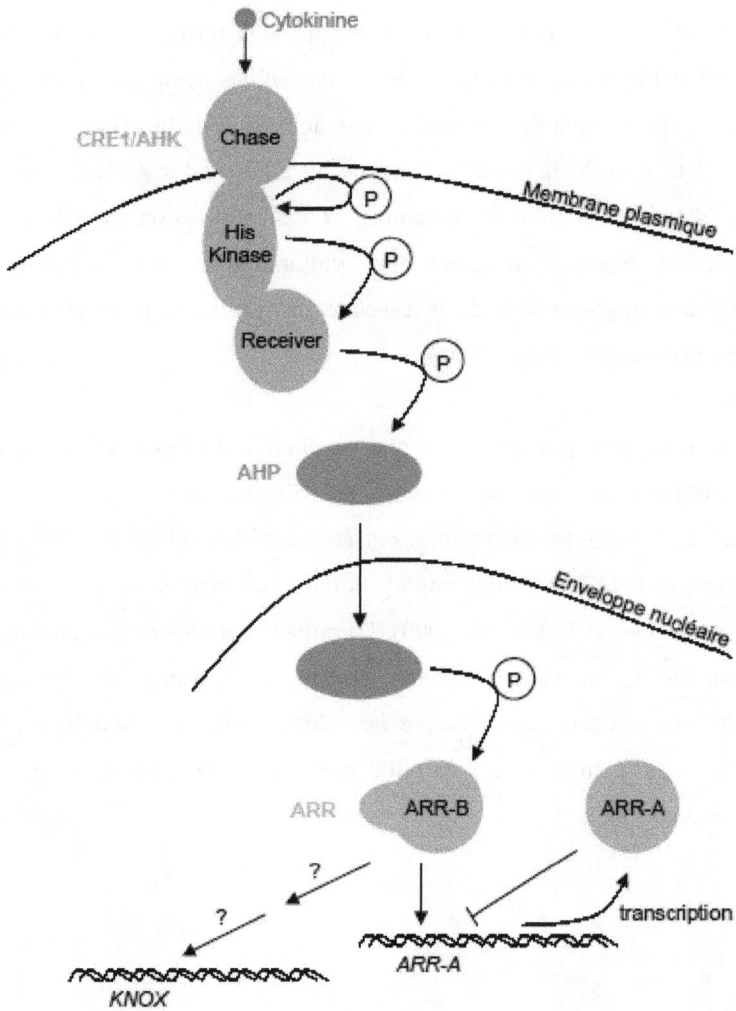

Les gènes *KNOX*, cibles des cytokinines?

3.2 Un lien entre les protéines KNOX et les gibbérellines

Répression de la synthèse des gibbérellines (GA) par des protéines KNOX

Les GAs sont des composés diterpénoides ayant une activité de régulateur de croissance. Ils sont impliqués dans la germination, l'élongation des entrenoeuds, l'expansion de la feuille, la formation des trichomes et le développement des fleurs et des fruits (pour revue: Olszewski *et al.*, 2002). Etant donné leur très faible concentration endogène, la plupart des résultats concernant la synthèse et le catabolisme des GAs est basé sur les données d'expression et d'activité d'enzymes. La quasi-totalité des gènes codant les enzymes de synthèse et de dégradation des GAs a été identifiée (pour revue: Olszewski *et al.*, 2002). La biosynthèse est divisée en trois étapes: biosynthèse de ent-kaurène dans les proplastes, conversion en GA12 grâce à l'activité des cytochrome P450 monooxygénases microsomales, et enfin formation des GAs C20 et C19 dans le cytoplasme. La dernière étape donne plusieurs intermédiaires, et en particulier les GAs actives, comme GA1 et GA4. Ces étapes sont catalysées par deux oxidases, la GA 3-oxidase (GA3ox) et la GA 20-oxidase (GA20ox). 126 GAs différentes ont été isolées chez les plantes, les champignons et les bactéries, mais seulement les GA1, GA3, GA4 et GA7 montrent une activité biologique nette (Hedden et Philips, 2000). Les autres GAs sont des intermédiaires de synthèse ou des catabolites. Le niveau de GA active est contrôlé par la synthèse, la dégradation et l'inactivation médiée par la GA 2-oxidase (GA2ox).

L'expression ectopique des gènes *KNOX* (*NTH15* de tabac et *OSH1* de riz) conduit à une réduction du niveau de GA1, et de l'expression de GA20ox (Tamaoki *et al.*, 1997 ; Kusaba *et al.*, 1998b; Tanaka-Ueguchi *et al.*, 1998). Des expériences de gel retard et de protection a la DNAse1 ont montré que NTH15 lie la région 5' et le premier intron du gène codant la GA20ox (Sakamoto *et al.*,

2001a). Mais contrairement aux transcrits *KNOX*, *GA20ox* est exprimé dans le méristème médullaire et les primordia foliaires (Sakamoto *et al.*, 2001a). L'activation d'une fusion NTH15-GR supprime l'expression de *GA20ox* dans le corpus, et la délétion du site de liaison dans le premier intron de GA20ox élimine l'effet de NTH15. Une répression directe de GA5, codant la GA20ox, par STM a également été démontrée chez *Arabidopsis* (Hay *et al.*, 2002). En outre, certains surexpresseurs de *STM* présentent un phénotype glabre. Ce phénotype a pu être corrélé à une répression de l'expression de *GA5* (Frugis et Chua, 2002).

En conclusion, les protéines KNOX dans le méristème réprimeraient l'expression de *GA20ox* , pour maintenir son caractère indéterminé. La production de GA au voisinage du méristème au contraire induirait la différenciation. Dans ce cadre, quel est l'effet des GAs sur l'activité des protéines KNOX ?

Les GAs, antagonistes des protéines KNOX

Avant d'envisager l'antagonisme des GAs sur les protéines KNOX, quelques acteurs de la voie des gibbérellines sont présentés dans ce paragraphe. La transduction des GAs ferait intervenir un récepteur encore non identifié. Cette interaction activerait directement ou non des seconds messagers, comme DWARF1, une protéine G. Le signal GA induit une localisation nucléaire de PHOTOPERIOD RESPONSIVE 1 (PHOR1), un effecteur positif de la voie des GAs et une dégradation rapide de RESISTANT TO GA (RGA) / GA INSENSITIVE (GAI). Les protéines de la famille RGA/GAI sont des effecteurs négatifs de la voie des GAs. GIBBERELLININSENSITIVE DWARF 1 (GID) serait également nécessaire a la dégradation de RGA/GAI. GID1 contrôle négativement l'expression de la GA20ox. Le mutant *spindly* (*spy*) a été isolé lors d'un crible de résistance au paclobutrazol, un inhibiteur de la synthèse des GAs (Jacobsen et Olszewski, 1993). Le mutant *spy* présente un phénotype de type surproducteur de GAs, alors que le surexpresseur de *SPY* présente des réponses opposées. Par conséquent SPY serait un régulateur négatif de la voie des GAs. Cet effet serait médié par son activité GlcNAc transférase, impliquée dans le contrôle post-traductionnel de l'activité des protéines. PICKLE (PKL), contrôlant la structure de la chromatine, est également nécessaire a l'expression correcte des gènes de la voie des GAs. En effet, le mutant *pkl* présente un phénotype nain associé à une réduction du contenu en GAs (Ogas *et al.*, 1999). Parmi les cibles en aval des GAs, *GLABROUS1* (*GL1*), codant un facteur MYB, est induit par les GAs et contrôle le développement des trichomes (Perazza *et al.*, 1998).

Chez *Arabidopsis*, le phénotype lobé des surexpresseurs de *KN1* est complémenté par addition de GAs exogènes (Hay *et al.*, 2002). Ce résultat confirme des données déjà existantes chez le tabac (Tamaoki *et al.*, 1997 ; Kusaba *et al.*, 1998b; Tanaka-Ueguchi *et al.*, 1998). En outre, la lignée *spy 35S : :KNAT1* ne présente pas de lobes (Hay *et al.*, 2002). Par conséquent, les GAs sont antagonistes de ces gènes. L'antagonisme entre les GAs et les gènes *KNOX* a également été testé en utilisant le mutant *as1-1*. Le mutant *as1-1* présente des feuilles légèrement lobées, comme les lignées surexprimant faiblement *KNAT1*. En présence de paclobutrazol, un inhibiteur de la synthèse des GAs, ou en contexte *gai*, le phénotype de *as1-1* ressemble aux lignées *35S : :KNAT1* présentant un phénotype fort. En particulier, des lobes très marqués sont induits, et des méristèmes ectopiques peuvent apparaître dans ces conditions (Hay *et al.*, 2002). Ce résultat suggère que la force du phénotype des surexpresseurs de gènes *KNOX* est directement liée à leur capacité à réprimer la synthèse de GAs. *PKL* pourrait être impliqué dans cette réponse. En effet, les doubles mutant *as1 pkl* et *as2 pkl* présentent des stipules ectopiques dans les sinus des feuilles, et dans quelques cas des méristèmes ectopiques (Ori *et al.*, 2000). Réciproquement en contexte *spy*, activant constitutivement la voie des GAs, le double mutant *stm-2 spy-5* phénocopie un allèle fort de *stm*, alors que *stm2* seul présente un phénotype moins marqué (Hay *et al.*, 2002).

L'effet des GAs sur la transcription des gènes *KNOX*, et sur d'éventuelles modifications post-traductionnelles des protéines KNOX n'a pas été analysé. Chez les mutants *spy* ou *gai*, aucun défaut méristématique n'a pu être mis en évidence. Par ailleurs, les sous-producteurs de GAs ne phénocopient pas les surexpresseurs de gènes *KNOX* sous-entendant que les protéines KNOX ont également d'autres fonctions dans le méristème (Hay *et al.*, 2002). Dans ce cadre, le contrôle de l'activité des cytokinines par les protéines KNOX a été présenté précédemment. Plus généralement, les interactions entre cytokinines et gibbérellines peut masquer certaines réponses des deux hormones. Le cas de la mise en place des méristèmes axillaires en est un exemple démonstratif : comme vu précédemment, des plantes surproduisant des cytokinines produisent des méristèmes ectopiques (Estruch *et al.*, 1991). Réciproquement, chez la tomate, le mutant *torosa-2*, dont les teneurs en cytokinines sont faibles, ne présente pas de méristèmes axillaires (Mapelli et Kinet, 1992). Les cytokinines auraient donc un rôle central dans la mise en place des méristèmes axillaires. Pourtant, l'ajout de cytokinines ne réverse pas le phénotype du mutant *torosa-2*. Au contraire, en présence de gibbérellines, le nombre de méristèmes axillaires est augmenté chez *torosa*-2, suggérant une participation des gibbérellines dans ce processus (Mapelli et Kinet, 1992). En confirmation, un mutant dans le gène *LATERAL SUPPRESSOR* impliqué dans la transduction des gibbérellines, ne présente pas de méristèmes axillaires comme *torosa-2* (Schumacher *et al.*, 1999). En élargissant encore le champ des interactions hormonales, les GAs et les cytokinines sont également associées à de nombreux autres signaux. L'identification d'une fonction des protéines KNOX dans la synthèse des GAs et des cytokinines pourrait alors permettre d'isoler de nouveaux signaux interagissant avec les protéines KNOX.

En bref :

Les protéines KNOX induisent des niveaux plus élevés en cytokinines et, réciproquement, les cytokinines induisent l'expression des gènes *KNAT1* et *STM* chez *Arabidopsis*. Des protéines KNOX contrôlent également l'homéostasie des gibbérellines en réprimant directement l'expression de la GA 20-oxidase ; réciproquement, les gibbérellines réversent le phénotype des surexpresseurs de certains gènes *KNOX*. Ces interactions expliquent probablement une grande partie du mode d'action des protéines KNOX dans le méristème, défini dans ce contexte par la présence de cytokinines et l'absence de gibbérellines.

Les protéines KNOX *sont nécessaires au fonctionnement du méristème, via notamment leur action sur les voies de synthèse des hormones. Afin de déterminer des liens directs, la fonction des protéines* KNOX*, et en particulier, leur fonction de facteur de transcription, a également été appréhendé au niveau cellulaire et biochimique.*

4. Mode d'action des protéines KNOX dans la cellule

4.1 Les différents domaines des protéines KNOX

L'alignement des séquences des différentes protéines KNOX a révélé la présence de plusieurs domaines conservés (Kerstetter *et al.*, 1994; Dockx, 1995 ; Bellaoui *et al.*, 2001 ; Nagasaki *et al.*, 2001, Smith *et al.*, 2002). Leur caractérisation fonctionnelle est encore en cours. Une partie des résultats présentés ici est basée principalement sur des données disponibles chez les Animaux (en particulier Hth et Exd, deux protéines de drosophile de la superfamille TALE) et sur une étude biochimique exhaustive des différents domaines de la protéine KNOX de riz OSH15 (Nagasaki *et al.*, 2001). Dans ce dernier cas, différentes formes délétées de la protéine OSH15 ont été surexprimées chez le riz (Nagasaki *et al.*, 2001).

L'homéodomaine

Les protéines KNOX présentent un homéodomaine de 63 acides aminés, alors que l'homéodomaine typique en comprend 60. Les 3 acides aminés supplémentaires, situés entre l'hélice 1 et 2 de l'homéodomaine, caractérisent la superfamille des protéines à homéodomaines de la famille TALE « three amino acids loop extension ».

L'interaction de l'homéodomaine à l'ADN a été étudiée : des mutations ponctuelles dans l'homéodomaine et dans le motif PYP altèrent les propriétés de liaison a l'ADN de OSH15 (Nagasaki *et al.*, 2001). Des études cristallographiques d'une protéine TALE animale a montré que la troisième hélice de l'homéodomaine et le motif PYP interagissent directement avec l'ADN (Passner *et al.*, 1999). La première hélice stabiliserait la structure de l'homéodomaine et l'interaction avec l'ADN en formant un corps hydrophobe (Qian *et al.*, 1989).

L'homéodomaine est aussi nécessaire à la formation de dimères: Le dimère Ubx- Exd est formé grâce à l'interaction entre l'homéodomaine de Exd et le motif YPWM en N-terminal de Ubx (Passner *et al.*, 1999). Chez le riz, une mutation dans le domaine PYP de OSH15 altère la formation des homodimères OSH15, suggérant la présence du même type d'interaction protéine-protéine *via* l'homéodomaine des protéines KNOX (Nagasaki *et al.*, 2001).

Chez les Animaux, la séquence basique située en N-terminal de l'homéodomaine serait nécessaire à la reconnaissance des séquences cibles (Qian *et al.*, 1989, Kissinger *et al.*, 1990; Passner *et al.*, 1999) et à la localisation nucléaire de la protéine (Abu-Shaar *et al.*, 1999). Une mutation ponctuelle dans cette région n'altère ni la liaison à une séquence cible, ni la localisation nucléaire chez OSH15, indiquant que le domaine basique de l'homéodomaine des protéines KNOX pourrait avoir une fonction différente de celle observée chez les Animaux.

Le domaine MEINOX

Le domaine MEINOX situé en position N-terminale de la protéine est un domaine d'une centaine d'acides aminés. Il présente des similitudes avec les domaines MEIS et PBC des Animaux (Burglin, 1997 ; Bürglin, 1998).

La fonction du domaine MEINOX de la protéine Hth de drosophile est bien caractérisée : le domaine MEINOX de Hth permet une hétérodimérisation avec Exd (Bürglin, 1997; Rieckhof *et al.*, 1997; Kurant *et al.*, 1998; Pai *et al.*, 1998). Plusieurs fonctions ont été associées à la formation de ce complexe : l'hétérodimérisation a lieu dans le cytoplasme et permet à l'hétérodimère d'atteindre le noyau. (Berthelsen *et al.*, 1999; Rieckhof *et al.*, 1997; Pai *et al.*, 1998; Abu-Shaar *et al.*, 1999; Ryoo *et al.*, 1999). Par ailleurs, en absence de Exd, la protéine Hth est dégradée, suggérant un rôle stabilisant de l'interaction Hth-Exd (Abu-Shaar *et al.*, 1998). Finalement, ces données suggèrent que, grâce au domaine MEINOX, les deux protéines fonctionnent comme une unité fonctionnelle (Mann et Morata, 2000). D'ailleurs, le mutant hth phénocopie presque entièrement le mutant exd (Rieckhof *et al.*, 1997 ; Pai *et al.*, 1998 ; Peifer et Wieschaus 1990 ; Rauskolb *et al.*, 1993 ; Kurant *et al.*, 1998). L'interaction du domaine MEINOX avec des protéines à homéodomaine de la famille TALE est conservée : le domaine MEINOX permet également l'hétérodimérisation de Meis avec Pbx chez les Vertébrés (Bischof *et al.*, 1998 ; Chang *et al.*, 1997 ; Knoepfler *et al.*, 1997 ; Berthelsen *et al.*, 1998a ; Berthelsen *et al.*, 1998b ; Berthelsen *et al.*, 1999).

La caractérisation du domaine MEINOX chez les Plantes a été entreprise. L'alignement des domaines MEINOX des protéines KNOX et MEIS a permis de définir la présence de 2 sous-domaines KNOX1 et KNOX2 liés par un linker flexible (Burglin, 1997 ; Bürglin, 1998). Des études des interactions protéiques, par double hybride, ont été réalisées avec les protéines KNOX d'Arabette, d'orge, de riz et de maïs : toutes révèlent un rôle du domaine MEINOX dans la formation de dimères protéiques (Bellaoui *et al.*, 2001 ; Müller *et al.*, 2001 ; Nagasaki *et al.*, 2001 ; Smith *et al.*, 2002). Des études de gel retard et de localisation nucléaire de la protéine OSH15 de riz ont montré que le domaine MEINOX n'est nécessaire ni à la liaison à une séquence cible de OSH15, ni à la localisation nucléaire de la protéine (Nagasaki *et al.*, 2001).

Les domaines KNOX1 et KNOX2 pourraient avoir des fonctions distinctes: contrairement au domaine KNOX2, le domaine KNOX1 de OSH15 aurait une fonction répresseur (Nagasaki *et al.*, 2001). Une étude menée sur OSH45 a également montré que le domaine KNOX1 de cette protéine a une activité répresseur (Tamaoki *et al.*, 1995). Ce résultat évoque la capacité de la protéine KNOX NTH15 de tabac de réprimer directement l'expression du gène codant la GA 20-oxidase (Sakamoto *et al.*, 2001a ; voir partie 3.2). Le domaine KNOX2 détermine une partie de l'intensité des phénotypes des surexpresseurs de protéines KNOX (Sakamoto *et al.*, 1999). Sachant que KNOX2 est impliqué dans la formation de dimères, la formation d'homodimères serait directement liée à l'intensité des phénotypes observés chez les surexpresseurs de protéines KNOX (Nagasaki *et al.*, 2001).

Le domaine ELK

Le domaine ELK est situé en amont de l'homéodomaine (Vollbrecht *et al.*, 1991; Kerstetter *et al.*, 1994). D'après les données de séquence, le domaine ELK pourrait former une hélice amphipathique supplémentaire, et ainsi médier des interactions protéine – protéine et/ou avoir un rôle dans l'adressage de la protéine au noyau (Kerstetter *et al.*, 1994 ; Vollbrecht *et al.*, 1991; Mushegian and Koonin, 1996; Sakamoto *et al.*, 1999 ; Meisel and Lam, 1996). Cependant, l'analyse de fusions GFP avec la protéine OSH15 intacte et délétée pour le domaine ELK a montré que le domaine ELK n'est pas nécessaire a l'adressage nucléaire de OSH15 (Nagasaki *et al.*, 2001). De même, des études de double hybride et de gel retard ont montré que la délétion du domaine ELK n'altère pas les propriétés de liaison de OSH15 aux protéines et à l'ADN (Nagasaki *et al.*, 2001). Cependant, le domaine ELK de la protéine OSH15 joue un rôle répresseur de la transcription, *in vitro*, comme le domaine KNOX1 (Nagasaki *et al.*, 2001).

Le domaine GSE

Un petit domaine situé entre le domaine MEINOX et l'homéodomaine, appelé GSE, est moins bien conservé. Les plantes qui surexpriment la protéine OSH15 ne comportant pas ce domaine, présentent un phénotype plus marqué. La surexpression de OSH15 intact conduit dans 90% des cas à la formation de méristèmes multiples à l'apex. Des phénotypes considérés comme moins sévères sont observés dans les 10% restants. La surexpression de la protéine OSH15 délétée pour le domaine GSE conduit à la formation de méristèmes multiples dans 100% des cas (Nagasaki *et al.*, 2001). Le domaine GSE comprend une région enrichie en acides aminés P,E, S, et T. Les séquences PEST sont reconnues comme des signaux de dégradation protéique (Rogers *et al.*, 1986). L'augmentation de la stabilité de la protéine OSH15 délétée pour le domaine GSE expliquerait l'apparition de phénotypes plus marqués (Nagasaki *et al.*, 2001). Plus globalement, la mitoyenneté des domaines MEINOX et GSE pourrait révéler également un rôle du domaine MEINOX dans la stabilisation de la protéine par hétérodimérisation, comme c'est le cas dans l'hétérodimère Hth-Exd de drosophile vu précédemment.

4.2 Interactions avec des partenaires protéiques

Une interaction pour contrôler l'adressage nucléaire

Chez les Animaux, le contrôle de la localisation intracellulaire de certaines protéines à homéodomaine constitue une étape clé de leur régulation et de leur fonction. Ainsi, chez la drosophile, la régulation de la localisation nucléaire de Exd contrôle l'activité des protéines HOX . En effet, la protéine Exd est cytoplasmique, du fait d'une séquence d'export nucléaire (NES) (Abu-Shaar *et al.*, 1999 ; Berthelsen *et al.*, 1999). La protéine Hth, en se fixant à Exd, masque le site NES, et induit une localisation nucléaire du complexe Hth/Exd. Exd est ensuite disponible dans le noyau pour former des complexes avec des protéines HOX. Etant donné les homologies de séquence entre Hth et protéines KNOX, la recherche des partenaires des protéines KNOX pourraient révéler la présence de tels mécanismes de régulation chez les Plantes.

L'étude de la localisation intracellulaire de certaines protéines KNOX a été initiée. La protéine KNAT4 présente ainsi une localisation nucléaire dans les cellules non différenciées de la racine, alors que la protéine est cytoplasmique dans les cellules différenciées (Haselof, communication orale). Par ailleurs, la recherche de partenaires des protéines KNOX a révélé la présence de protéines impliquées dans les mouvements intracellulaires. Ainsi, des protéines appartenant au signalosome pourraient interagir *in vitro* avec des protéines KNOX (Cole *et al.*, 2002). La recherche des domaines de la protéine KNOX OSH15 nécessaires à la localisation nucléaire a été entreprise. Des fusions GFP entre les différentes formes délétées de OSH15 et la GFP ont été exprimées transitoirement dans l'épiderme d'oignon. Ces études ont permis de montrer que les domaines ELK et MEINOX ne sont pas nécessaires à l'adressage nucléaire de la protéine OSH15 (Nagasaki *et al.*, 2001). Toutefois, en raison de l'absence

81

des partenaires biologiques de OSH15 dans le système épiderme d'oignon, et de la présence de la GFP, les résultats de cette première étude demandent des confirmations supplémentaires, par exemple en réalisant des immunolocalisations de la protéine OSH15 et de ses formes délétées dans l'apex des plants de riz.

Une interaction pour une spécificité fonctionnelle

Chez les plantes, des expériences de double-hybride et d'immunoprécipitation ont révélé que le domaine MEINOX permet une interaction avec d'autres protéines. En particulier, chez le riz, des interactions protéiques ont été identifiées entre la protéine OSH15 et les autres protéines OSH (Nagasaki *et al.*, 2001). La liaison à l'ADN n'est donc pas nécessaire à la dimérisation des protéines OSH. De plus, les formes délétées de OSH15 dans le domaine MEINOX ou dans le domaine KNOX2 du domaine MEINOX ne sont plus capables de former des dimères de protéines OSH. En revanche, la délétion du domaine KNOX1 ou ELK ou GSE n'altère pas la capacité de former des dimères. Par conséquent, le domaine KNOX2 du domaine MEINOX semble médier principalement l'interaction avec les autres protéines OSH. Les surexpresseurs des différentes formes intactes et délétées de OSH15 présentent des phénotypes dont la gravité est directement corrélée à leur capacité à former des homodimères, et vraisemblablement aussi des hétérodimères. En effet, il a été montré chez *Arabidopsis* que le domaine MEINOX médie l'interaction entre les protéines STM et BEL1, et entre KNAT1 et BEL1 (Bellaoui *et al.*, 2001). Le profil d'expression de l'ARNm *BEL1* et le phénotype du mutant *bel1* est cohérent avec un rôle de BEL1 dans le contrôle de l'activité du méristème. En effet les gènes *BEL1* et *STM* sont co-exprimés dans le méristème d'inflorescence. De plus, le mutant *bel1* présentent des inflorescences qui se terminent prématurément (Bellaoui *et al.*, 2001; Muller *et al.*, 2001).

Chez le maïs, KN1 interagit avec KIP (KN1 INTERACTING PROTEIN), une protéine de la famille BEL, *via* le domaine MEINOX de KN1. KIP peut aussi se lier à STM, l'orthologue de KN1 (Smith *et al.*, 2002). Dans cette étude, une séquence cible a été identifiée et a permis de mesurer l'effet de l'interaction sur les propriétés de liaison du complexe à l'ADN : l'interaction entre KN1 et KIP augmente significativement l'affinité de liaison au motif (Smith *et al.*, 2002). Cependant, la méconnaissance des autres partenaires, et de leur action sur l'affinité au motif, limite aujourd'hui l'étude de la spécificité de KN1.

Chez les Animaux, la présence du cofacteur permet également d'augmenter l'affinité du site ADN pour le complexe HOX-cofacteur, au détriment des autres protéines HOX. Ainsi, Exd se lie à des protéines HOX et à un site de 10 paires de bases (pour revue : Mann et Chan, 1996 ; Mann et Affolter, 1998 ; Wilson et Desplan, 1999). L'affinité de l'hétérodimère Scr/Exd pour le site enhancer du gène Scr est plus forte que celle des autres hétérodimères HOX/Exd (Grieder *et al.*, 1997). La fixation de Exd sur une protéine HOX changerait la conformation de la protéine, et consécutivement altérerait les propriétés de fixation des protéines HOX à l'ADN.

Certains sites de liaison sont spécifiques d'un dimère HOX/Exd *in vivo*, alors qu'ils peuvent recruter des dimères HOX/Exd différents *in vitro*. Dans ce cas, la spécificité dépend de la capacité du dimère HOX/Exd à recruter des co-activateurs ou des co-répresseurs. De plus, étant donné que plusieurs complexes HOX/Exd peuvent se fixer à des enhancers voisins, il est probable que ces différents complexes protéiques interagissent entre eux. Ainsi, la spécificité d'un site de fixation d'un complexe HOX/Exd peut être modulée par la présence des co-facteurs présents sur un autre complexe HOX/Exd au voisinage (pour revue : Mann et Morata, 2000).

Le complexe Hth/Exd est également capable de former des complexes avec des protéines HOX. Selon les séquences cibles, le complexe Hth/Exd est dissocié au profit d'un complexe Exd/HOX/ADN ou l'hétérodimère Hth/Exd est maintenu et forme un complexe Hth/Exd/HOX/ADN (Rieckhof et al., 1997). Le complexe, à son tour, peut recruter d'autres partenaires.

4.3 Activité transcriptionnelle des protéines KNOX

Quelles séquences cibles ?

Les gènes à homéoboîte codent des facteurs de transcription, et à ce titre, ils sont susceptibles de réguler un grand nombre de gènes cibles. L'interaction avec une séquence cible et son contrôle est donc nécessaire à la caractérisation fonctionnelle de ces protéines.

• Identification de la séquence cible des protéines KNOX

Des séquences cibles spécifiques de protéines à homéodomaine ont été identifiées essentiellement chez les Animaux. Une liste exhaustive et actualisée peut être consultée au site de l' « Homeodomain Resource » (voir Mat & Meth). Un exemple : les protéines HoxB1 à HoxB9 et HoxA10 de Vertébrés se fixent sous forme d'hétérodimères avec Pbx1 à un site cible consensus dont la séquence varie le long de l'axe antéro-postérieur. Des séquences cibles des protéines de la superfamille TALE ont été recherchées, et ont abouti à l'établissement d'un consensus commun: TGTCA (Bertolino *et al.*, 1995; Chang *et al.*, 1997; Berthelsen *et al.*, 1998a; Berthelsen *et al.*, 1998b; Sakamoto *et al.*, 2001a). Par des expériences de gel retard, il a été montré qu'une protéine OSH15 recombinante est capable de se lier à une séquence TGTCA, et plus fortement encore à une séquence TGTCAC. Par gel retard, une séquence cible de KN1 a aussi été obtenue : TGACAG(G/C)T(Smith *et al.*, 2002). Le domaine WFIN de la troisième hélice qui interagit avec l'ADN est conservé chez toutes les protéines à domaine MEINOX. Le site de liaison de la protéine KNOX a été identifié chez l'orge, le tabac, le riz, l'orchidée *Dendrobium* (Yu et al, 2000). Dans tous les cas, le motif retenu présente toujours une séquence TGAC. Le motif TGACAG(G/C)T identifié pour KN1 et Meis1 pourrait être le consensus de fixation des protéines TALE commun aux protéines TALE végétales et animales (Smith *et al.*, 2002).

• L'interaction entre l'homéodomaine et la séquence cible détermine seulement une partie de la spécificité

L'identification de la séquence cible d'une protéine à homéodomaine ne décrit pas intégralement sa spécificité fonctionnelle. Ainsi, les sites de reconnaissance de l'ADN des protéines HOX sont très proches, *in vitro* (Ekker *et al.*, 1994). Cette propriété est vraisemblablement utilisée *in vivo* pour permettre des redondances partielles. Ainsi, des protéines HOX distinctes sont exprimées dans des compartiments distincts mais de morphologie comparable. Par exemple, Ubx et Abdominal-A répriment toutes les deux Distal-less (Dll), en se fixant sur le même site dans une séquence enhancer de Dll (Vachon *et al.*, 1992). Toutefois, chaque segment de drosophile présente des spécificités. Dans ce cas, une protéine HOX active seulement un groupe restreint de gènes cibles. L'interaction homéodomaine - séquence cible n'est donc pas suffisante pour déterminer la spécificité fonctionnelle des protéines à homéodomaine.

Chez les Plantes, le rôle de l'homéodomaine dans la définition de la spécificité fonctionnelle des protéines KNOX a également été analysé. Des plantes transgéniques exprimant des fusions entre différentes protéines KNAT ont été générées afin de déterminer la contribution de l'homéodomaine dans la spécificité des protéines KNAT. Le surexpresseur de *KNAT3* ne présente pas d'altération du phénotype alors que le surexpresseur de *KNAT1* présente des feuilles lobées. La surexpression d'une fusion contenant la partie N-terminale de KNAT3 et la partie Cterminale (contenant l'homéodomaine et le domaine ELK) de KNAT1 conduit à un phénotype proche des surexpresseurs de *KNAT1* (Serikawa *et al.*, 1997). Ce résultat montre que la plus grande part de la spécificité de la protéine KNAT1 réside dans la partie C-terminale qui comprend l'homéodomaine et le domaine ELK. Des expériences très proches ont également été menées chez le tabac (Sakamoto *et al.*, 1999) : Les auteurs ont généré des plants de tabac exprimant des protéines chimériques dérivées des différents domaines MEINOX, ELK et Homéodomaine des protéines KNOX de tabac, NTH1 et NTH15. Cette étude est basée essentiellement sur la présence d'un phénotytpe foliaire peu marqué chez la lignée *35S : :NTH1*, et la présence d'un phénotype foliaire marqué chez les lignées *35S : :NTH15*. Les conclusions de cette étude montrent que les domaines ELK et MEINOX ont une contribution importante dans la spécificité des réponses observées, le domaine ELK se révélant même plus important que l'homéodomaine pour induire des phénotypes marqués (Sakamoto *et al.*, 1999). L'ensemble de ces observations montre que les domaines adjacents à l'homéodomaine participent activement à la spécificité d'action des protéines KNOX. Comme chez les Animaux, les résultats obtenues *in vitro* sur la protéine OSH15 nuancent les conclusions précédentes : Les protéines OSH15 dépourvues des domaines MEINOX, GSE, ELK se lient toujours la séquence cible TGTCAC. De plus, un peptide ELK-HD peut se lier encore à ce motif. Par conséquent, les domaines en N-terminal ne participent pas à l'interaction de OSH15 avec la séquence cible TGTCAC. Au contraire, des mutations ponctuelles dans les hélices de l'homéodomaine ou dans le motif PYP de la boucle de l'homéodomaine altèrent la capacité de liaison au motif TGTCAC (Nagasaki *et al.*, 2001). Ces résultats montrent la part déterminante de l'homéodomaine dans les propriétés de liaison à l'ADN *in vitro*, et le rôle des partenaires dans le contrôle de cette liaison *in vivo*.

Evaluation de l'activité transcriptionnelle des protéines KNOX

L'obtention d'une séquence cible de OSH15 a permis l'étude de son activité transcriptionnelle par simple hybride chez la levure: la protéine fusion comprenant le domaine d'activation de GAL4 et la protéine OSH15 intacte est capable de transactiver l'expression de LacZ sous le contrôle d'un promoteur (TGTCAC)4 d'un facteur 50. Cette réponse est spécifique du motif (TGTCAC)4 : L'utilisation des promoteurs (TGTGAC)4 ou (TCTCAG)4 ne conduit à aucune transactivation. La protéine OSH15 seule est capable de transactiver LacZ sous le contrôle de (TGTCAC)4 d'un facteur 10, suggérant la présence d'une séquence activatrice dans OSH15. De façon surprenante, la délétion du domaine KNOX1 multiplie par 3 la capacité activatrice de OSH15, suggérant une fonction de répresseur dans le domaine KNOX1. La délétion du domaine ELK augmente aussi la capacité transactivatrice de OSH15. La protéine OSH15 aurait donc a la fois des propriétés de répresseur (nécessitant la présence des domaines KNOX1 et ELK) et d'activateur (contenue dans l'ensemble de la protéine) (Nagasaki *et al.*, 2001). La "dualité transcriptionnelle" de OSH15 est aussi rencontrée chez les hétérodimères HOX (protéine à homéodomaine typique) – PBX (TALE). L'interaction avec d'autres régulateurs rend le complexe répresseur ou activateur, en fonction du contexte cellulaire (Saleh *et al.*, 2000). Il est donc probable que la protéine OSH15 possède également ces deux propriétés *in vivo*.

Modulation de l'activité par des modifications post-traductionnelles

Comme de nombreux facteurs de transcription, les protéines HOX peuvent être phosphorylées (Lopez et Hogness, 1991). Ainsi, Antp peut être phosphorylée par la casein kinase II (CKII) (Jaffe *et al.*, 1997), et cette phosphorylation inhibe l'activité de la protéine. La phosphorylation modulerait l'interaction des protéines HOX avec les cofacteurs, mais n'affecterait pas la spécificité des protéines HOX. La mise en place et le contrôle de ce mécanisme au cours du développement ne sont pas connus (pour revue : Mann et morata, 2000). Chez les Plantes, un tel mode de régulation n'a pas été reporté pour les protéines

KNOX à ce jour.

4.4 Mouvement des protéines et des ARNm KNOX

Des données montrent que la protéine KN1 de maïs est capable d'être exportée de la cellule via la structure symplasmique propre aux tissus végétaux.

NB : Chez les Animaux supérieurs, des structures symplasmiques existent mais sont extrêmement rares. Les exemples les mieux documentés sont la lignée germinale femelle chez les Insectes et la lignée germinale mâle chez les Vertébrés ; dans les deux cas une cellule germinale souche subit des mitoses synchrones, suivies de cytokinèses incomplètes, et forme finalement un groupe de cellules interconnectées par des ponts cytoplasmiques (pour revue : Pepling et al., 1999). Par ailleurs, des protéines à homéodomaine animale peuvent également transiter de cellule à cellule, mais via un processus de sécrétion et d'endocytose (Maizel et al., 1999).

Le transport via le plasmodesme

Le plasmodesme, organite membranaire traversant la paroi, crée un pont cytoplasmique entre deux cellules contigues et constitue la base du symplasme végétal.

Il existe deux types de transport *via* les plasmodesmes : le premier est un transit passif limité seulement par la taille, dite taille d'exclusion, des protéines ; le second est un transport ciblé de protéines mettant en jeu des interactions protéiques pour faciliter leur passage à travers le plasmodesme, en particulier en augmentant la taille d'exclusion (pour revue : Aaziz *et al.*, 2001). Ainsi, des protéines couplées à la FITC de 10, 20 40 kDa peuvent traverser les plasmodesmes, probablement par dépliement de la protéine (Balachandran *et al.*, 1997). Cette observation implique que la perméabilité des plasmodesmes est contrôlée. Ainsi, plusieurs protéines du cytosquelette, actine et myosine, sont associées au plasmodesme. Leur rôle dans le contrôle de la perméabilité des plasmodesmes a été démontré (pour revue : Aaziz *et al.*, 2001).

Ces structures dynamiques peuvent faire transiter des protéines virales et endogènes, ainsi que des complexes ribonucléoprotéiques (Lucas, 1999). Ainsi, la protéine de mouvement du virus de la mosaïque du tabac (MP-TMV) est capable de former un complexe ribonucléoprotéique adressé au plasmodesme, avec pour conséquence l'augmentation de la perméabilité du plasmodesme (Ding, 1998). Le complexe ribonucléoprotéique s'ancreraient sur les microtubules du plasmodesme (Heinlein *et al.*, 1995; Mas et Beachy, 2000). La séquence de MP-TMV présente un domaine de liaison aux microtubules qui permettrait le transport de l'ARN du TMV par un processus de polymérisation des microtubules (Boyko *et al.*, 2000). Des partenaires de la protéine de mouvement ont été isolés par double hybride et chromatographie d'affinité (pour revue : Jackson, 2000). Il s'agit d'une protéine chaperone, HSP70, une protéine potentiellement impliquée dans l'import de protéine dans le réticulum, DnaJ, et la pectine methyl esterase, qui possède un signal d'adressage au réticulum.

Le transit de la protéine KN1 par les plamodesmes

Des expériences de micro-injection dans les cellules de mésophylle de protéines KN1 portant un marqueur fluorescent montrent que KN1 n'est pas cellule autonome (Lucas *et al.* 1995). Ces expériences ont montré que KN1, comme les protéines de mouvement des virus, peut augmenter la taille d'exclusion limite des plasmodesmes (Lucas *et al.*, 1995 ; pour revue : Jackson et Hake, 1997). Cependant, contrairement à la protéine de mouvement, KN1 n'interagit pas avec la pectine methyl esterase, suggérant un mode de transport différent (pour revue:

Jackson, 2000).

KN1 peut-il transiter de cellule à cellule au sein même du méristème, son domaine naturel d'expression ? L'ARNm *KN1* est présent dans les assises L2 et L3 du méristème mais est indétectable dans l'assise L1. La protéine KN1 est, elle, présente dans les trois assises du méristème, ce qui suggère que KN1 peut transiter de l'assise L2 vers l'assise L1 (pour revue : Jackson et Hake, 1997). Par ailleurs, l'expression ectopique de la protéine fusion KN1-GFP sous le contrôle du promoteur *SCARECROW*, dirigeant l'expression dans les assises L1 et L2, conduit à une activité GFP dans les trois assises du méristème d'*Arabidopsis*, impliquant un transport de la fusion KN1-GFP de l'assise L2 vers l'assise L3 (Kim *et al.*, 2002). Chez l'allèle M6 de *kn1*, l'expression de la protéine est cellule autonome (Kim *et al.*, 2002). La mutation touche un des domaines NLS de localisation nucléaire en Nterminal de l'homéodomaine, suggérant une possibilité de connection entre adressage dans le noyau et dans les plasmodesmes (pour revue : Jackson et Hake, 1997). Ce domaine est présent dans l'ensemble des protéines KNOX et suggère que d'autres protéines KNOX pourraient transiter par les plasmodesmes.

D'autres protéines sont également capables de traverser les plasmodesmes. Ainsi, chez *Antirhinum*, les protéines MADS DEFICIENS et GLOBOSA d'*Antirhinum*, et LEAFY d'*Arabidopsis*, sont capables de transiter à travers la plasmodesmes dans le méristème floral (Perbal *et al.*, 1996; Sessions *et al.*, 2000). Le rôle probable du transport de ces protéines dans le développement n'est pas encore élucidé.

Le transit de l'ARNm *KN1* par les plamodesmes

La co-injection d'une protéine KN1 non marquée avec un ARNm *KN1* marqué a montré que KN1 peut faire transiter son propre ARNm, permettant ainsi le transport de l'ARNm *KN1* à travers les plasmodesmes (pour revue : Jackson et Hake, 1997). Cependant, contrairement aux protéines de mouvement des virus qui peuvent faire transiter plusieurs types d'ARN, KN1 ne permet pas le transport d'un ARNm viral ou d'un ARNm *KN1* antisens (pour revue : Jackson et Hake, 1997). KN1 en transportant son ARN propre pourrait contribuer à l'établissement de gradients de messagers de *KN1*. D'autres fonctions pourraient être associées à l'interaction de KN1 avec son ARNm. Ainsi, chez la drosophile, la protéine à homéodomaine Bicoïd peut se lier à l'ARNm de Caudal pour réprimer sa traduction dans l'embryon (Dubnau et Struhl, 1996). Le transit d'ARNm par des protéines endogènes a également été décrit pour des transporteurs de saccharose dans le phloème (Kuhn *et al.*, 1997). Le contrôle du transport des protéines et d'ARNm par les plasmodesmes pourrait moduler les concentrations locales de protéines, et ainsi participer à la mise en place d'une information positionnelle (Hake, 2001a).

La localisation intracellulaire des ARNm à homéoboîte constitue une étape clé du développement de la drosophile. Ainsi, un gradient proximo-distal des ARNm Bicoïd est mis en place dans l'oeuf. Il induit deux cascades de signalisation localisées à chaque pôle de l'embryon avant sa cellularisation, et détermine ainsi les axes de développement du futur adulte (pour revue : Lawrence et Morata, 1994).

Une telle distribution d'ARNm n'a pas été décrite pour les gènes *KNOX* de plantes. Toutefois, chez l'algue unicellulaire *Acetabularia acetabulum*, le profil des ARNm *AAKNOX*, homologue de *KN1*, est uniforme au stade adulte, alors que pendant la phase reproductive précoce, leur concentration forme un gradient dans la cellule, révélant ainsi un rôle possible de la distribution des ARNm *AAKNOX* dans la reproduction de l'acétabulaire (Serikawa *et al.*, 1999).

En bref:
Les protéines KNOX contrôleraient l'expression d'un répertoire de gènes cibles, grâce à la séquence propre de l'homéodomaine, mais aussi en formant des multimères de protéines à homéodomaine. Les protéines KNOX pourraient investir le symplasme afin de participer à la mise en place d'une information positionnelle dans le méristème.

Les gènes KNOX tiennent une place importante dans le développement des Plantes. Cependant, les données actuelles se limitent à un nombre restreint de gènes KNOX. En particulier, chez Arabidopsis, l'essentiel des données a été obtenu sur les gènes STM et KNAT1. Or, le génome d'Arabidopsis contient deux autres gènes KNAT de classe I, KNAT2 et KNAT6, dont l'étude est menée dans notre groupe.

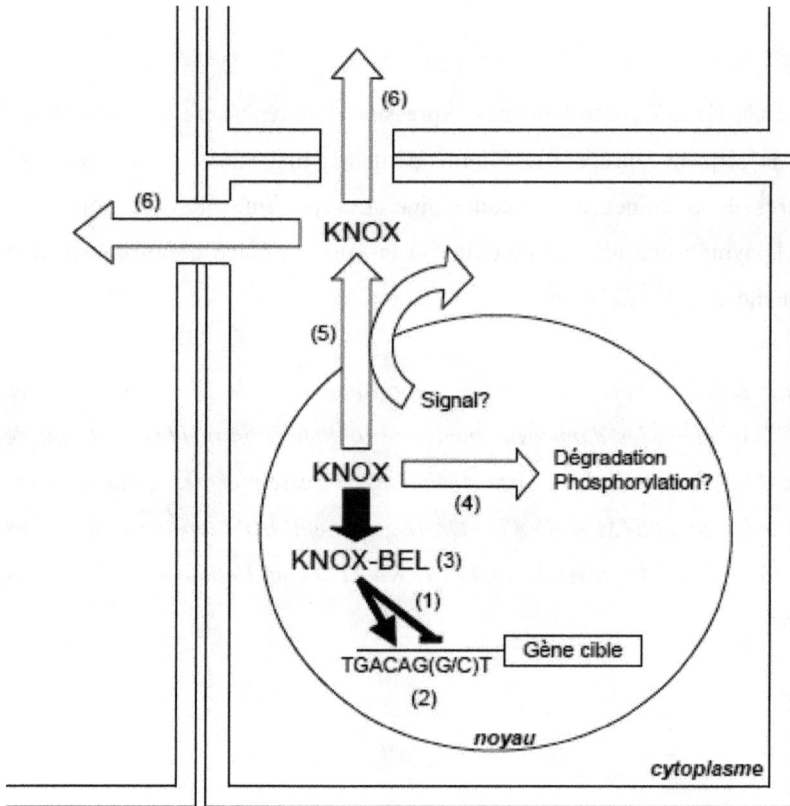

Mode d'action des protéines KNOX dans la cellule, un modèle.

Résultats de la thèse

1. L'analyse fonctionnelle de *KNAT2*

1.1 Place de KNAT2 dans la famille KNAT

Isolement et caractérisation du gène *KNAT2*

Le gène *KNAT2* a originellement été isolé avec *KNAT1*, comme étant un homologue de *KN1* chez *Arabidopsis* (Lincoln *et al.*, 1994). Le gène *ATK1(Arabidopsis thaliana Knotted1),* présentant 100% d'identité avec *KNAT2*, fut isolé de façon indépendante (Dockx *et al.*, 1995). « *KNAT2* » désigne le gène *ATK1/KNAT2,* mais l'appellation « *ATK1* » est encore présente dans les bases de données.

• Structure du gène *KNAT2*

La connaissance du génome d'*Arabidopsis* permet de positionner *KNAT2* dans l'ensemble de la famille *KNAT*. Les gènes *KNAT1*, *KNAT3* et *KNAT4* ont été isolés à partir d'une banque d'ADNc à l'aide d'une sonde couvrant l'homéoboîte de *KN1* comme pour *KNAT2* (Lincoln *et al.* 1994, Serikawa *et al.* 1996). Le gène *STM* a été isolé par clonage positionnel (Long *et al.* 1996). Les gènes *KNAT6* et *KNAT7* ont été clonés dans le groupe de Thomas Laux et révélés par la suite lors du séquençage systématique du génome d'*Arabidopsis*. Les données d'homologies de séquence dans l'homéoboîte répartissent les gènes *STM, KNAT1, KNAT2* et *KNAT6* dans la première classe des gènes *KNAT*. Les gènes *KNAT3, KNAT4, KNAT5, KNAT7* appartiennent à la deuxième classe.

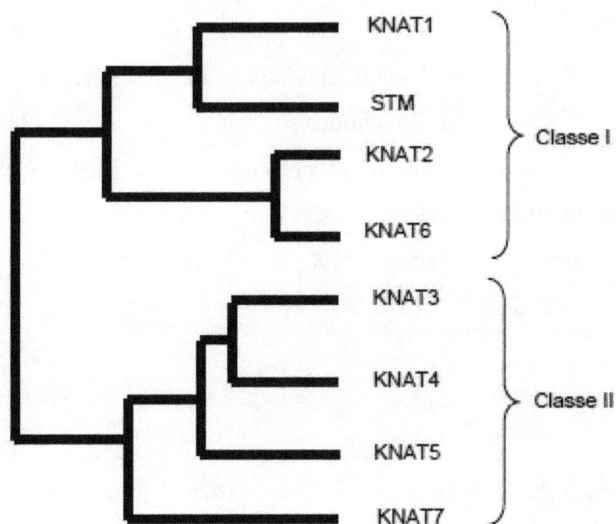

Arbre phylogénétique des protéines KNAT

.

Le gène *KNAT2* contient 4 introns. Les introns 1, 2 et 4 sont courts (respectivement 237, 144, et 90 paires de bases). L'intron 3 est très long (4160 paires de bases). L'organisation des introns et la longueur exceptionnelle de l'intron 3 est également retrouvés chez *KNAT6*, mais aussi chez *KN1* (maïs), et chez *OSH1* (riz). L'ADNc de *KNAT2* contient une séquence non traduite en 5' de 111 paires de bases, un cadre de lecture de 933 paires de bases, et une séquence non traduite en 3' de 327 paires de bases.

• Structure de la protéine KNAT2

L'homéodomaine de KNAT2 présente 81% d'identité avec celui de KN1. Les homéodomaines de STM et de KNAT1 présentent respectivement 92% et 89% d'identité avec celui de KN1. Les études fonctionnelles présentées précédemment, les profils d'expression et les données de séquence tendent à montrer que *STM* est le véritable orthologue de *KN1*. L'homéodomaine de *KNAT2* compte 64 acides aminés et il contient dans la troisième hélice, les quatre acides aminés caractéristiques des protéines à homéodomaine (Gehring *et al.*, 1990). Le motif PYP entre les hélices 1 et 2, présent chez STM et KNAT1, l'est également chez KNAT2.

En dehors de l'homéodomaine, KNAT2 possède les domaines caractéristiques de la famille KNOX : un domaine ELK, un domaine MEINOX et un domaine GSE. Une séquence PEST en position N-terminale (PSENMMPFDMMDDSNETFFTEE) pourrait constituer un deuxième domaine GSE impliqué dans la stabilité de la protéine (Rogers *et al.*, 1986 ; Dockx *et al.*, 1995). Par ailleurs, 11 des 21 résidus 179 à 199 qui sont acides pourraient avoir une fonction activatrice de la transcription (Dockx *et al.*, 1995). La comparaison des séquences complètes des protéines KNAT de classe I permet de distinguer deux sous-classes : les protéines STM et KNAT1 partagent un degré d'identité de 56.6% ; l'homologie la plus forte concerne les séquences des gènes *KNAT2* et *KNAT6* avec un degré d'identité de 74.6%.

Profil d'expression de *KNAT2*

• Profil d'expression de *KNAT2*

Le profil d'expression de *KNAT2* a été déterminé grâce à une lignée exprimant le gène de la glucuronidase sous le contrôle du promoteur de *KNAT2* et par hybridation *in situ*. *KNAT2* est exprimé principalement dans l'assise L3 et la zone médullaire du méristème végétatif et floral. Dans les carpelles, *KNAT2* est exprimé dans le placenta (Dockx *et al.*, 1995 ; Pautot *et al.*, 2001)

Un profil d'expression chevauchant avec les autres gènes *KNATs* de classe I Les autres gènes *KNATs* de classe I sont également exprimés dans le méristème : *STM* est exprimé dans les méristèmes végétatifs, d'inflorescence et floraux. Il n'est pas exprimé aux points d'initiation des primordia. *STM* est aussi exprimé dans les jeunes carpelles, le placenta et lors du développement embryonnaire (Long *et al.*, 1996). *KNAT1* est exprimé à la base du méristème végétatif, à proximité des vaisseaux conducteurs de l'hypocotyle et dans le style (Lincoln *et al.*, 1994). *KNAT1* n'est pas exprimé dans le placenta des carpelles. Le profil des gènes *KNAT* rappelle le profil des gènes *KNOX* de classe I de maïs, de riz et de tabac: *STM* a un profil proche de celui de *KN1* chez le maïs, de *OSH1* chez le riz, et de *NTH1* et *NTH15* chez le tabac. *KNAT1* a un profil proche de *RS1* et *KNOX3* chez le maïs, de *OSH6*, *OSH15* et *OSH71* chez le riz et de *NTH20* chez le tabac L'expression de *KNAT2* dans la partie basale du méristème végétatif évoque le profil d'expression de *NTH19* chez le tabac.

Quelle spécificité fonctionnelle pour *KNAT2* ?

Les séquences des protéines KNAT révèlent des domaines conservés. En outre, les profils d'expression des différents gènes *KNAT* sont partiellement chevauchants, ce qui ne permet pas de prédire leur rôle spécifique dans le méristème. Par ailleurs, les premiers mutants isolés, *stm* et *knat1* possèdent des fonctions redondantes dans le méristème (Douglas *et al.*, 2002). Enfin, différents mutants, comme *as1* et *as2* présentent une modification du niveau d'expression de l'ensemble des gènes *KNAT* (Byrne et al, 2000 ; Semiarti *et al.*, 2001). L'ensemble de ces observations rend difficile la définition d'une spécificité pour chacun des gènes *KNAT*, et donc pour *KNAT2*.

En bref :

8 gènes *KNAT* sont présents chez *Arabidopsis*. Les gènes *STM*, *KNAT1* et *KNAT6* appartiennent comme *KNAT2* à la première classe des gènes *KNAT*. *KNAT6* est le plus proche homologue de *KNAT2* : les deux gènes présentent 71.6% d'identité nucléotidique. Les fonctions des gènes *STM* et *KNAT1* sont bien caractérisées. Les fonctions de *KNAT2* et *KNAT6* sont inconnues.

104

1.2 Situation du sujet et objectifs de la thèse

Nous nous intéressons à l'étude du gène *KNAT2*. Pour évaluer son rôle dans le développement des plantes, plusieurs outils ont été générés: un mutant d'insertion dans l'intron 3 du gène *KNAT2* a été isolé à partir de la collection ADN-T de Versailles (Dockx, non publié). De plus, des plantes transgéniques exprimant le gène *KNAT2* sous contrôle du promoteur CaMV 35S ont été obtenues. Afin de rechercher des cibles de KNAT2, des plantes transgéniques inductibles surexprimant une protéine de fusion entre KNAT2 et le récepteur de glucocorticoïde (GR) ont été utilisées (pour revue : Picard, 2000). En absence de glucocorticoïde, une chaperone se fixe sur le domaine récepteur des glucocorticoïdes, la fusion reste dans le cytosol. En présence de dexaméthasone, glucocorticoïde synthétique, la fusion peut entrer dans le noyau suite à la libération de la chaperone et réguler les gènes cibles de KNAT2. Ce système a été utilisé pour de nombreux autres gènes de plantes (Lloyd *et al.*, 1994 ; Aoyama et Chau 1997 ; Simon *et al.*, 1996 ; Sablowski *et al.*, 1998 ; pour revue : Gatz et Lenk, 1998). L'intérêt d'un tel outil est d'observer un phénotype à un stade de développement donné, de pouvoir moduler la dose de l'induction, et de pouvoir réaliser des inductions à durée limitée dans le but d'obtenir les réponses précoces associées à l'activation de la fusion.

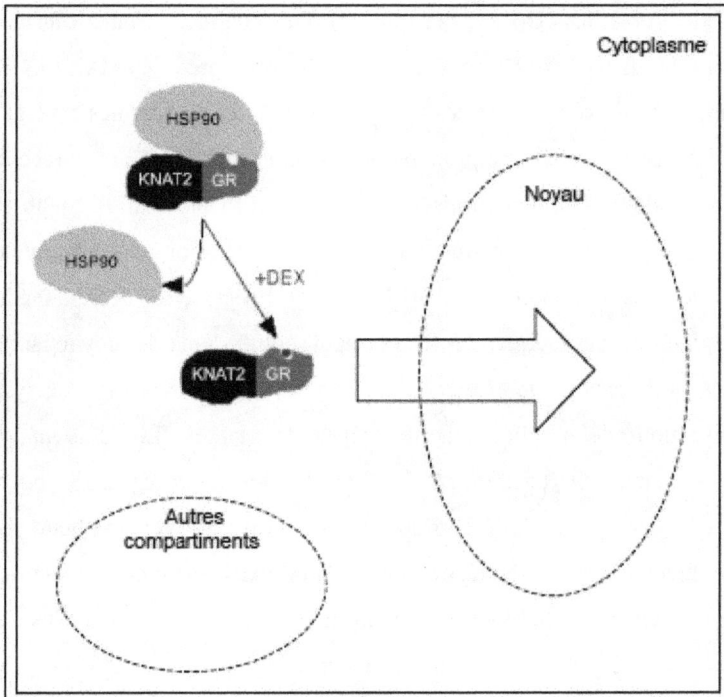

Principe de l'induction chez la lignée *KNAT2-GR*

Fonction de KNAT2 dans le développement : un gène méristématique ?

Un premier objectif de la thèse est de comprendre la fonction de *KNAT2*. Pour cela, différents allèles de *knat2* ont été isolés dans les banques de mutants d'*Arabidopsis*. Le phénotype d'une lignée mutante isolée plus tôt a été analysé dans différentes conditions physiologiques et génétiques. Par ailleurs, le phénotype du surexpresseur inductible de *KNAT2* a été étudié. Enfin, la recherche des cibles de KNAT2 chez les plantes induites a été initiée.

Intégration de KNAT2 dans la plante : rôle de la signalisation ?

De nombreuses données dans la littérature montrent un effet des protéines KNOX sur les voies de biosynthèse des cytokinines et des gibbérellines. Le deuxième objectif de la thèse est de déterminer le lien entre *KNAT2* et les hormones. Cette étude s'est basée sur le phénotype de la lignée *KNAT2-GR* induite.

Analyse de la redondance des gènes KNAT : une spécificité pour KNAT2 ?

Le fort degré d'identité entre les gènes *KNAT2* et *KNAT6* pourrait impliquer des fonctions redondantes. Le troisième objectif de la thèse est d'analyser cette redondance. Des données d'expression de *KNAT6* ont été obtenues en générant des plantes transgéniques exprimant la glucuronidase sous le contrôle du promoteur *KNAT6*, et par hybridation in situ. Des mutants *knat6* ont été recherchés dans les banques de mutants et des plantes transgéniques inactivant *KNAT6* de façon constitutive et inductibles ont été générées.

2. Analyse des phénotypes associés à la surexpression de *KNAT2*

La première étude sur un gène *KNOX* a concerné le phénotype du mutant dominant de maïs *knotted1* (Hake *et al*., 1989). L'expression ectopique de *KN1* dans les feuilles conduit à l'initiation de noeuds ectopiques sur le limbe. Les auteurs ont conclu que *KN1* a un rôle dans le maintien de l'état indifférencié. Cette conclusion a été confirmée quelques années plus tard, grâce à l'isolement d'un mutant perte de fonction (Kerstetter *et al*., 1997). De la même façon, il avait été suggéré que *KNAT1* pourrait être impliqué dans l'initiation des méristèmes sur la base de l'analyse des plantes transgéniques surexprimant le gène *KNAT1* (Chuck *et al*., 1996). En effet, ces plantes produisent des méristèmes ectopiques sur leur feuilles, et l'initiation de ces méristèmes précède l'expression du gène *STM*. Récemment, *bp1-1*, un allèle mutant perte de fonction dans *KNAT1* a été identifié, et un rôle de *KNAT1* dans le maintien du méristème a été révélé chez le double mutant *stm2 bp1-1* (Douglas *et al*; 2002, Venglat *et al*. 2002). Cet historique révèle que si la connaissance de la fonction d'un gène passe par l'étude de mutants, la surexpression du gène peut apporter également des informations sur la fonction du gène. Dans ce cadre, l'absence de phénotype mutant chez les allèles de *knat2* nous a conduit à exploiter parallèlement l'analyse fonctionnelle de *KNAT2* en étudiant des lignées transgéniques inductibles qui surexpriment *KNAT2* (Le principe de l'induction est décrit plus haut).

Ces lignées "surexpresseur" présentent des caractéristiques communes aux lignées transgéniques qui surexpriment les autres gènes de la classe I, en particulier *KNAT1* et *STM*, comme l'inhibition de l'élongation et l'altération de la différentiation. Dans cette étude, nous nous sommes plus particulièrement intéressés à une caractéristique non illustrée auparavant : le lien entre les gènes *KNOX* et le développement du carpelle. Parallèlement à notre travail l'interaction impliquant un gène à homéoboîte appartenant à une autre famille, le gène *WUSCHEL*, et le gène *MADS*, *AGAMOUS* qui joue un rôle clé dans le développement des deux verticilles internes avait également été révélé. Ces études ont permis de dévoiler le mécanisme de terminaison du méristème floral (Lohmann *et al.*, 2001 ; Lenhard *et al.*, 2001). Dans notre cas, une action des gènes *KNOX* sur le développement du 4ème verticille a été révélée : le maintien de l'expression de *KNAT2* conduit à une non terminaison du « méristème carpellaire », et consécutivement à la production de carpelle à la place des ovules.

KNAT2: Evidence for a Link between Knotted-like Genes and Carpel Development

Véronique Pautot,1 Jan Dockx,2 Olivier Hamant,1 Jocelyne Kronenberger,1 Olivier Grandjean,3 Delphine Jublot,1 and Jan Traas,1

1 Laboratoire de Biologie Cellulaire, Institut de la Recherche Agronomique, Route de St. Cyr, 78026 Versailles Cedex, France

2 Global Intellectual Property Department, IP Seeds/Crop Improvement/New Traits Aventis CropScience, J. Plateaustraat 22, 9000 Gent, Belgium

3 Station de Génétique et d'Amélioration des Plantes, Institut de la Recherche Agronomique, Route de St. Cyr, 78026 Versailles Cedex, France

Résumé:

Le gène à homéoboîte *KNAT2* (*KNOTTED*-like Arabidopsis thaliana) est exprimé dans le méristème apical caulinaire. Il est aussi actif pendant le développement floral, suggérant un rôle dans la formation des fleurs. Afin d'analyser sa fonction, nous avons utilisé un système inductible par le dexamethasone (DEX) pour générer des plantes transgéniques qui surexpriment une fusion de KNAT2 avec le domaine de liaison du récepteur des glucocorticoïdes (GR). Les plantes induites par le DEX présentent un phénotype similaire à celui de lignées surexprimant *KNAT1*. Toutefois, certaines différences ont également été mises en évidence. En particulier, l'activation de la fusion KNAT2-GR induit des caractéristiques carpelloïdes ectopiques. Tout d'abord, KNAT2 induit une conversion homéotique du nucelle en structure carpelloïdes. De plus, l'activation de KNAT2 induit des stigmates ectopiques sur les feuilles de rosette dans le contexte mutant *ap2-5*. Enfin, une expression ectopique du gène d'identité carpellaire *AGAMOUS* (*AG*) dans les ovules et le carpelle a été détectée. Etant présente dans le contexte double mutant *ap2-5 ag*, la conversion homéotique des ovules en carpelles, ne dépend pas de l'activité de

AG. Par conséquent nos données indiquent que KNAT2 doit activer d'autres régulateurs du carpelle. Finalement, l'ensemble de ces résultats suggèrent un rôle de KNAT2 dans le développement des carpelles.

Plant Cell, Août 2001, Vol. 13, pp 1719-1734.

3. Analyse du lien entre KNAT2 et les voies de signalisation

La plante adaptée à son milieu intègre un grand nombre de signaux endogènes et environnementaux. En raison de sa position et de sa fonction organogène, le méristème joue un rôle de carrefour de signalisation. Dans ce cadre, les protéines KNOX semblent contrôler la synthèse de plusieurs hormones au sein même du méristème. En effet, comme déjà décrit dans l'introduction, l'action des protéines KNOX a été associée à une modification des niveaux de différentes hormones. Ainsi, chez les surexpresseurs de *KNOX*, le taux de cytokinines est plus élevé, et la synthèse des giberellines est réprimée. Dans ce dernier cas, il a été montré que la protéine KNOX NTH15 de tabac se fixe directement sur le promoteur du gène GA5 codant la GA-20 oxidase pour en réprimer l'expression (Sakamoto *et al.*, 2001). Le niveau d'autres hormones est aussi affecté, mais n'a pas fait l'objet d'études plus approfondies (Tamaoki *et al.*, 1997; Kusaba *et al.*, 1998a). Pour étudier les relations entre KNAT2 et les hormones nous avons utilisé les plantes transgéniques *KNAT2-GR* inductibles. L'étude du lien avec les cytokinines nous a conduit à identifier une interaction avec l'éthylène, et l'étude du lien avec les gibbérellines a débouché sur la mise en évidence d'un lien entre *KNAT2*, GA, *HY5* et la lumière rouge.

The KNAT2 homeodomain protein interacts with ethylene and cytokinin Signaling

Olivier Hamant1, Fabien Nogué2, Enric Belles-Boix1, Delphine Jublot1, Olivier Grandjean2, Jan Traas1 and Véronique Pautot1.

1 Laboratoire de Biologie cellulaire, Institut National de la Recherche Agronomique, Route de St. Cyr, 78026 Versailles Cedex, France.

2 Station de Génétique et d'Amélioration des Plantes, Institut National de la Recherche Agronomique, Route de St. Cyr, 78026 Versailles Cedex, France.

Résumé

En utilisant une lignée transgénique qui surexprime une fusion entre la protéine à homéodomaine KNAT2 (KNOTTED-like *Arabidopsis thaliana*) et le domaine de liaison du récepteur des glucocorticoïdes (GR), nous avons analysé les relations entre KNAT2 et plusieurs hormones. Lors de l'activation de la fusion KNAT2-GR, nous avons observé un retard de sénescence des feuilles et une capacité de régénération augmentée, deux réponses qui sont également induites par les cytokinines et inhibées par l'éthylène. De plus, l'activation de la fusion KNAT2-GR induit des feuilles lobées. Cette caractéristique fut partiellement corrigée en présence d'ACC, précurseur de synthèse de l'éthylène, ou dans le contexte mutant *ctr1* qui présente une réponse constitutive à l'éthylène. Réciproquement, certains aspects du phénotype du mutant *ctr1* ont été supprimés par l'activation de la fusion KNAT2-GR. Ces données suggèrent que KNAT2 est synergique des cytokinines et antagoniste de l'éthylène. Dans le méristème apical caulinaire, *KNAT2* est exprimé dans l'assise L3 et la zone médullaire. La présence d'ACC restreint le profil d'expression de KNAT2 dans le méristème et le nombre de cellules dans l'assise L3. Ce dernier effet est réversé par l'activation de la construction KNAT2-GR. Réciproquement, le domaine d'expression de KNAT2 est élargi dans le contexte mutant *etr1-1*, ou en réponse aux cytokinines. Ces résultats suggèrent que l'éthylène et les cytokinines agissent de façon antagoniste dans le méristème, *via* KNAT2, pour réguler l'activité méristématique.

Plant Physiology, Octobre 2002, Vol. 130, pp. 657-665.

4. Analyse des mutants *knat2* et *knat6*

L'analyse du mutant *stm* a démontré que *STM* est nécessaire au maintien du méristème apical caulinaire. Par ailleurs, l'analyse du double mutatnt *bp1-1 stm2* a montré que la mutation *knat1* aggrave le phénotype d'un allèle faible de *stm,* suggérant une participation de *KNAT1* dans l'automaintien du méristème, en redondance avec *STM.* Le génome d'*Arabidopsis* compte 6 autres gènes *KNAT,* dont deux membres, *KNAT2* et *KNAT6* qui appartiennent comme *STM* et *KNAT1* aux gènes *KNAT* de classe I. Leur fonction n'est pas connue à ce jour. La recherche de mutants *knat2* a été initiée par Jan Dockx. La lignée AAI4 a été isolée dans la banque d'insertion de Versailles, et contient un T-DNA inséré dans le 3ème intron de *KNAT2.* Une analyse par RT-PCR et par RNAse protection a montré que le messager pleine longueur *KNAT2* n'était plus détecté suite à l'intégration de l'ADN-T. En revanche, une surexpression de la partie 3' de la séquence induite par la présence du promoteur 35S dans l'ADN-T a été mise en évidence. D'après ces données, la lignée AAI4 est un allèle fort de *knat2* voire un allèle nul. A mon arrivée au laboratoire, la lignée était déjà caractérisée moléculairement. Par ailleurs, la caractérisation phénotypique avait été initiée. En particulier, le développement de la lignée AAI4 avait été étudié notamment en présence de différentes hormones. Des croisements avaient été réalisés avec des mutants affectés pour des fonctions méristématiques. Aucune altération du développement n'avait alors été détectée. Nous avons poursuivi la caractérisation de la lignée AAI4 en testant de nouvelles conditions physiologiques et en réalisant de nouveaux croisements. Depuis l'identification du mutant AAI4, d'autres allèles de *knat2* ont été isolés, mais ces derniers ne présentent pas d'altération du développement. Au cours de ma thèse, nous avons découvert l'existence de *KNAT6* qui est en fait le gène le plus proche de *KNAT2.* En effet, les séquences peptidiques de KNAT2 et de KNAT6 montrent 74.6%

d'identité. Nous avons donc supposé que l'absence de phénotype des mutants *knat2* pouvait résulter d'une redondance avec *KNAT6*. Nous avons donc recherché des allèles mutants pour *knat6* et en parallèle nous avons étudié l'expression du gène *KNAT6* pour tester cette hypothèse.

KNAT6: An Arabidopsis Homeobox Gene Involved in Meristem Activity and Organ Separation

Enric Belles-Boix*, Olivier Hamant*, Sarah MelissaWitiak, Halima Morin, Jan Traas, and Véronique Pautot
Laboratoire de Biologie Cellulaire, Institut Jean-Pierre Bourgin, Institut National de la Recherche Agronomique, 78026 Versailles Cedex, France
* These authors contributed equally to this work.

Résumé

La famille des gènes à homéoboîte joue un rôle crucial dans le développement des organismes multicellulaires. The gènes *KNOTTED-like d'Arabidopsis thaliana* (*KNAT6* et *KNAT2*) sont des homologues proches des gènes méristématiques *SHOOT MERISTEMLESS (STM)* et *BREVIPEDICELLUS* (*BP*), mais leur fonction est actuellement inconnue. Pour rechercher leur rôle, nous avons identifié des allèles nuls de *KNAT2* et *KNAT6*. Nous montrons que *KNAT6* contribue en redondance avec *STM* au maintien du méristème apical caulinaire (MAC) et à la séparation des organes. En accord avec cette fonction, le domaine d'expression de *KNAT6* dans le MAC marque les frontières entre le MAC et les cotylédons. L'absence d'activité méristématique dans le double mutant *knat6 stm-2* et la fusion des cotylédons ont été associées à la modulation de l'activité des gènes *CUP-SHAPED COTYLEDON* (*CUC*). Pendant l'embryogenèse, *KNAT6* est exprimé après *STM* et *CUC*. En accord avec cette observation, *CUC1* et *CUC2* sont requis de façon redondante pour l'expression de *KNAT6*. Ces données donnent les bases pour un modèle dans lequel *KNAT6* contribue au maintien du MAC et à l'établissement des frontières dans l'embryon, via la voie *STM/CUC*. Bien qu'il soit le membre le plus proche de *KNAT6*, *KNAT2* n'a pas de fonction similaire.

Plant Cell, Août 2006, Vol. 18, pp. 1900-1907

5. Conclusion

Un rôle de KNAT2 dans le carpelle

L'activation de KNAT2 conduit à une conversion homéotique des ovules en carpelles. Cette conversion s'accompagne d'une expression ectopique d'*AG* dans les ovules. Toutefois, les rares ovules de la lignée *ap2-5 ag KNAT2-GR* induite sont converties en carpelloïdes, suggérant que *AG* n'est pas nécessaire à la conversion homéotique induite par KNAT2.

• La voie *AGAMOUS-like (AGL)*

AG appartient à une famille multigénique dont trois membres ont pu être directement impliqués dans la mise en place du patron floral (voir introduction, partie 1). Dans le cadre de la fonction de *KNAT2* dans le carpelle, les gènes *AG-like (AGL)* sont également des candidats intéressants. En effet, chez la lignée *ap2-5 KNAT2-GR*, un caractère floral, le stigmate, est présent à l'extrémité des premières feuilles de rosette. La surexpression de certains gènes *AGL* peut également induire des caractéristiques florales dans les feuilles (pour revue : Jack, 2001). Ainsi, les feuilles de la rosette sont converties en pétales dans une lignée qui surexprime les quatre gènes S*EP3, AP1, AP3, PI* (Pelaz *et al.*, 2001). De même, la surexpression combinée de *SEP3, AG, PI* et *AP3* conduit à une transformation homéotique des feuilles caulines en étamines. L'identité des feuilles de rosette n'est pas altérée dans cette lignée suggérant la nécessité d'un facteur supplémentaire pour convertir une feuille de rosette en étamine (Honma et Goto, 2001). KNAT2 pourrait s'intégrer dans la voie des gènes SEP et ABC, inducteurs du développement floral. Des expériences de criblage différentiel permettraient de tester cette hypothèse. Par ailleurs, une interaction directe entre les protéines ne peut cependant pas être exclue. En effet, le modèle quartet souligne la grande capacité d'interaction des protéines MADS : la partie C-terminale des protéines MADS est nécessaire à la formation des complexes multiprotéiques (Egea-Cortines *et al.*, 1999). Des expériences de triple hybride et de co-immunoprécipitation ont montré que *AP3, PI* et *AP1* interagissent. De même, *AP3, PI* et *SEP3* forment des complexes multiprotéiques (Honma et Goto, 2001). Des données chez *Antirhinum* ont montré que l'affinité de fixation à la boîte CArG est augmentée lorsque les protéines homologues à AP3, PI, AP1 sont engagées dans des complexes (Egea-Cortines *et al.*, 1999). Par ailleurs, chez la levure, la protéine MADS Mcm1 interagit directement avec Alpha2, une protéine à homéodomaine de la superfamille TALE, pour former un complexe répresseur de la transcription (Mead *et al.*, 1996).

• Une interaction entre *KNAT2* et des éléments en aval de la voie AG ?

L'activation de KNAT2 induit un maintien de l'expression de AG dans le carpelle à un stade tardif. D'après les données précédentes, cette réponse pourrait n'être qu'un feed back lors des étapes tardives de la formation des ovules carpelloïdes. Quelles seraient alors les gènes cibles candidats de KNAT2 dans ce contexte? Les gènes *HUA1* et *HUA2* ont été isolés parmi des enhancers de l'allèle faible *ag-4* (Chen et Meyerowitz, 1999). La séquence de la protéine HUA1 est homologue à des protéines nucléaires Zinc Finger CCCH capables de se lier aux acides nucléiques monobrins. HUA2 serait un facteur de transcription (Li *et al.*, 2001). *Hen1* et *Hen2 (Hua* enhancer), des enhancers du double mutant *hua1 hua2,* ont ensuite été isolés : les triples mutants *hua1 hua2 hen1* et *hua1 hua2 hen2* présentant des caractéristiques proches de *ag*. *HEN1* et *HEN2* sont des protéines nucléaires (Chen *et al.*, 2002 ; Western *et al.*, 2002). Les gènes *HUA* et *HEN* seraient nécessaires au maintien de l'expression de AG au cours des stades tardifs du développement floral (pour revue : Jack, 2002). Il serait intéressant dans ce cadre d'étudier les effets de l'activation de KNAT2 dans les mutants *hua* et *hen*. En effet, le maintien anormal de l'expression d'*AG* dans les carpelles des plantes *KNAT2-GR* induites pourrait s'effectuer via *HUA* et *HEN*.

- Une voie indépendante d'AG ?

Les caractères carpelloïdes du mutant *ap2 ag* montrent qu'il existe une voie de développement du carpelle indépendante d'*AG* (Bowman *et al.*, 1991 ; Alvarez et Smyth, 1999). La comparaison des phénotypes *ap2* et *ap2 ag* a montré que *AG* serait essentiellement nécessaire au développement des valves des carpelles (Alvarez et Smyth, 1999). Le développement des autres territoires du carpelle impliquerait d'autres voies, notamment celle qui met en jeu les gènes *CRABS CLAW (CRC)* et *SPATULA (SPT)*.

Le mutant *crc* présente des carpelles plus courts, plus larges, avec des défauts de fusion et avec un nombre d'ovules réduits (Alvarez et Smyth, 1999). *CRC* code un facteur de transcription à domaine zinc finger et un domaine hélice-boucle-hélice (Bowman et Smyth, 1999). Le rôle de CRC est successivement de réduire la croissance latérale du primordium carpellaire, puis d'activer sa croissance longitudinale (Alvarez et Smyth, 1999). L'introduction de la mutation *crc* chez des mutants présentant des organes carpelloïdes dans les fleurs a permis de montrer que *CRC* est nécessaire au développement correct du stigmate, du style et des placentas des carpelles. De façon analogue, il a été montré que chez le mutant *spt*, le tissu de transmission est absent, le style et le stigmate ne sont pas fusionnés (Alvarez et Smyth, 1999). *CRC* et *SPT* contrôlent donc le développement des tissus marginaux des carpelles. La fonction des deux gènes est redondante, le phénotype du double mutant *crc spt* étant aggravé : les carpelles sont entièrement non fusionnés, et ne présentent pas de stigmate, de style et de placenta (Alvarez et Smyth, 1999; pour revue : Sessions, 1999).

L'addition des mutations *crc* et *spt* dans le contexte *ap2 ag pi* conduit à des fleurs portant des feuilles sépalloïdes, suggérant que *CRC* et *SPT* appartiennent à la voie indépendante d'*AG* (Alvarez et Smyth, 1999). Un lien entre les deux voies existe : les gènes de classe A, réprimés par AG dans le 4ème verticille, sont nécessaires à l'induction de *CRC* et *SPT* (Bowman *et al.*, 1999; Bowman et Smyth, 1999).

Nous avons montré que la conversion homéotique des ovules en carpelles induite par KNAT2 était indépendante de la fonction *AG*. Nos résultats constituent une illustration supplémentaire de l'existence de voies alternatives conduisant au développement du carpelle. En effet, nous avons montré que la voie *CRC* était également activée dans des plantes *KNAT2-GR* induites. La lignée *CRC::GUSKNAT2-GR* induite présente une coloration dans les carpelloïdes, et marque ainsi comme *AGAMOUS*, l'identité carpellaire des ovules converties lors de l'activation de KNAT2 (donnée non illustré). Dans les contextes mutants *crc* et *spt*, la conversion homéotique chez la lignée *KNAT2-GR* induite pourrait être altérée. Cependant, des expériences de cinétique nous laissent penser que l'activation d'*AG* et de *CRC* n'est pas directe. Nous utilisons actuellement la lignée *KNAT2-GR* pour essayer d'identifier les cibles impliquées dans le développement du carpelle et induites par KNAT2.

Un rôle de KNAT2 dans le développement de l'ovule ?

Le développement des ovules est dévié et orienté vers le carpelle dans les plantes suite à l'activation de KNAT2. Il est donc également envisageable que le développement du carpelle soit le plan d'organisation « par défaut », et que la répression de *KNAT2* soit nécessaire au développement tardif de l'ovule. Ce modèle rappelle le développement des primordia foliaires qui nécessite une perte de l'identité méristématique via une extinction des gènes *KNOX*.

• Une répression des gènes du développement tardif de l'ovule ?

Dans ce cadre, l'activation ectopique de KNAT2 pourrait réprimer des gènes impliqués dans le développement de l'ovule. Chez le pétunia, l'inactivation de *FBP7* et *FBP11* conduit à la production de tissus carpelloïdes à la place des ovules. *FBP7* et *FBP11* codent des facteurs de transcription de la famille MADS (Angement *et al.*, 1995 ; Colombo *et al.*, 1995). La surexpression d'*AGAMOUS* conduit à des phénotypes similaires (Ray *et al.*, 1994). De la même manière, les allèles *ap2-6* et *ap2-7* produisent des tissus carpelloïdes à la place des ovules (Bowman *et al.*, 1991 ; Modrusan *et al.*, 1994). Les gènes de classe C étant exprimés dans les primordia d'ovule, la différenciation précoce des ovules serait contrôlé par une balance entre les produits des gènes de classe C et des gènes *FBP-like* (Angement *et al.*, 1995). Chez *Arabidopsis*, une étude menée par Western et Haughn (1999) a permis de montrer qu'*AG* était impliqué dans le développement précoce des ovules, en particulier dans l'initation des ovules et dans le développement du tégument interne. Pour le moment, aucun équivalent de *FBP7* et *FBP11* n'a été identifié chez *Arabidopsis* (Bowman *et al.*, 1991, pour revue : Schneitz *et al.*, 1998b). L'extinction de *KNAT2* lors du développement de l'ovule concernerait plutôt des étapes plus tardives, étant donné que le développement précoce de l'ovule de la lignée *KNAT2-GR* induite paraît normal.

• Une interaction avec la protéine BEL1 ?

Le développement de l'ovule paraît être étroitement associé au développement de ses téguments. En particulier, l'étude du mutant *bel1* a permis de montrer que le développement tardif du sac embryonnaire nécessite la présence des téguments internes (Reiser *et al.*, 1995). En effet, le développement du sac embryonnaire s'arrête dans les ovules du mutant *bel1* qui sont dépourvues de tégument interne. Le développement du tégument externe est anormal et peut être converti en structure carpelloïde dans les cas les plus sévères (Modrusan *et al.*, 1994). Cette conversion homéotique dépend de la fonction *AG*. Le développement correct de l'ovule nécessite donc la répression de l'expression d'*AG* par BEL1. Les conversions obervées dans les mutants *bel1* et dans les plantes *KNAT2-GR* induites concernent des domaines de l'ovule distincts et suggèrent l'implication de voies différentes.

• Un lien avec *ANT* ?

L'initiation des téguments des ovules est également contrôlée par *ANT*, le mutant *ant* présentant un bloquage à ce niveau (Angement *et al.*, 1995 ; Colombo *et al.*, 1995). Comme vu précédemment, *ANT* est également un marqueur précoce de l'initiation des primordia foliaires, suggérant que le développement précoce des primordia de feuille et d'ovule nécessite la présence d'*ANT*. Le mutant *huellenlos* (*hll*) porte des ovules sans tégument (Schneitz *et al.*, 1997). Chez le double mutant *hll ant,* les ovules restantes n'ont plus de chalaze et de funicule, suggérant un rôle de *HLL* et *ANT* dans la formation de la partie proximale de l'ovule (Schneitz *et al.*, 1998a). Connaissant d'une part le rôle de *ANT* dans le développement du primordia, et d'autre part l'implication des gènes *KNAT* dans la proximalisation des organes, un lien entre *KNAT2* et *ANT* est également envisageable. Une induction de *ANT* dans les feuilles de la lignée *KNAT2-GR* a déjà été évoquée. Il serait intéressant de voir si l'activation de KNAT2 induit *ANT* dans les ovules. En effet, les ovules des plantes qui surexpriment *ANT* montrent une prolifération du nucelle (Mizukami et Fisher 2000).

Un pont entre l'identité foliaire et florale ?

L'induction de *ANT* dans les feuilles de la lignée *KNAT2-GR* induite suggère que la conversion homéotique des ovules en carpelloïdes pourrait s'effectuer *via* une induction de *ANT* dans le nucelle. Réciproquement, la présence de lobes chez la lignée *KNAT2-GR* induite pourrait révéler une première étape vers une conversion florale. En effet, les feuilles caulines *d'Arabidopsis* présentent en général des dentelures plus marquées que les feuilles de rosette (Poethig, 1997). Par ailleurs, la surexpression de certains gènes floraux comme *UFO* génère également des lobes (Lee *et al.*, 1997). Plus généralement la feuille composée, vue comme un petit axe déterminé présentant des folioles latéraux, peut même être comparé à la structure florale (pour revue : Hofer et Ellis, 1998). Les outils développés dans le domaine des fleurs ont d'ailleurs été utilisés pour l'étude des feuilles composées chez le pois, et ont abouti à une ébauche de modèle ABC de la feuille composée. Les feuilles adultes de pois ont une paire de grands stipules à la base, des paires de folioles, des paires de « tendrils » et un tendril terminal. Les premières feuilles sont seulement trilobées, mais les deux lobes latéraux peuvent être considérés comme des stipules réduits, et le lobe central comme le reste de la feuille. Le mutant *tendrilless* (*tl*) présente des folioles à la place des tendrils ; le mutant *afila* (*af*), des tendrils à la place des folioles. AF est un marqueur des cellules latérales de la feuille et est antagoniste de *UNIFOLIATA* (*UNI*), un homologue de *LFY* *d'Arabidopsis*. Le modèle de développement impliquerait *UNI* comme déterminant du domaine central de la feuille, TL comme déterminant de l'initiation des tendrils et inhibiteur de UNI et AF. Le mutant *cochleata* (*coch*) présente des feuilles composées complètes à la place des stipules. *COCH* pourrait inhiber *UNI* aux stades précoces du développement de la feuille, et être un marqueur du devenir stipule.

Plus globalement, existe-t-il une relation entre la conversion homéotique des ovules et le phénotype folaire des surexpresseurs de *KNAT2* ? Les données obtenues chez la drosophile montre une relation étroite entre homéose et mise en place de l'axe proximo-distal des organes. Les données des mutants *kn1* gain de fonction et *rs1* de maïs montrent que la surexpression des gènes *KNOX* conduit à laproximalisation des feuilles (pour revue : Hake, 1992). L'homologie relative des gènes *KNOX* et Hth de Drosophile a déjà été indiquée. Le rôle des protéines KNOX dans la proximalisation des feuilles peut rappeler l'implication de la protéine Hth dans la mise en place de l'axe proximo-distal de l'aile. En effet, Hth est exprimé dans la partie proximale de l'aile. L'expression ectopique de Hth dans la partie distale de l'aile induit une proximalisation de l'aile (Casares et Mann, 2000). Hth spécifie également l'identité proximale des autres organes. Le disque imaginal de la patte est composé d'un compartiment proximal qui exprime Hth/Exd et d'un compartiment distal qui exprime le gène Distal-less (Abu-Shaar et Mann, 1998 ; Wu et Cohen, 1999).

L'expression de Hth dans la partie distale de la patte est réprimée par Antp pour empêcher la coexpression de Hth et Dll. La coexpression de Hth et DII dans la partie distale de la patte conduirait à une transformation homéotique de la patte en antenne (Dong *et al.*, 2000). C'est d'ailleurs, l'altération de l'expression du gène Antp qui est à l'origine du phénotype du mutant dominant antp: cette mutation conduit à l'expression ectopique de Antp dans le disque oeil-antenne, et donc à la répression de l'expression de Hth ce qui aboutit à la transformation de l'antenne en patte. Cette observation démontre que la mise en place des axes et l'homéose sont étroitement liés. Dans le cas de KNAT2, il est possible qu'en cherchant les déterminants moléculaires de la proximalisation des feuilles, des déterminants de la conversion homéotique soient également isolés.

Le lien entre *KNAT2* et les signaux

Sur la base du phénotype des surexpresseurs de *KNAT2*, un lien entre *KNAT2* et les cytokinines a été révélé. En particulier, une plus grande capacité de régénération a été obtenue chez les surexpresseurs de *KNAT2*, et le domaine d'expression de *KNAT2* dans le méristème est plus large en présence de cytokinines. Le rôle de *KNAT2* dans le maintien de l'état peu différencié des feuilles pourrait être médié par les cytokinines, sachant le rôle des cytokinines dans le maintien de l'état méristématique. L'état carpelloïde présentant également des caractères méristématiques dans le placenta, la relation entre *KNAT2* et les cytokinines pourrait également expliquer en partie la conversion homéotique des ovules en carpelles chez la lignée *KNAT2-GR* induite. Dans ce cadre, le mutant *gymnos* (*gym*) présente des ovules ectopiques en présence de cytokinines, et phénocopie ainsi le double mutant *crc gym* (Eshed *et al.*, 1999). De même, en présence de concentrations élevées en cytokinines, un allèle faible de *ap2* phénocopie un allèle fort, et peut induire en particulier une conversion homéotique des ovules en carpelles (Venglat et Sawhney, 1996).

Par ailleurs, un lien antagoniste entre *KNAT2* et l'éthylène a été mis en évidence: en effet, le phénotype lobé de la lignée *KNAT2-GR* est réversé en contexte *ctr1*, mutant qui présente une réponse constitutive à l'éthylène. De plus, l'addition d'ACC, un précurseur de la synthèse d'éthylène, restreint le profil d'expression de *KNAT2* dans le méristème. Ces résultats pourraient impliquer un rôle de l'éthylène dans le contrôle de l'identité méristématique *via* une répression de *KNAT2*. Réciproquement, la surexpression de *KNAT2* a pu contrebalancer l'effet négatif de l'éthylène sur le méristème. Ce nouveau résultat indique qu'une part du rôle de *KNAT2* dans la plante pourrait s'effectuer *via* une inhibition de la voie de l'éthylène. Connaissant la synergie entre *KNAT2* et les cytokinines d'une part, et l'antagonisme entre les cytokinines et l'éthylène à la lumière d'autre part, l'action de KNAT2 sur l'éthylène pourrait être médié par les cytokinines. La position exacte de *KNAT2* dans cette transduction sera élucidée lorsque les intermédiaires entre les voies des cytokinines et de l'éthylène seront connus. Dans ce cadre, les interactions génétiques entre *KNAT2* et les gènes codant les ACC synthases et les protéines ARR pourraient préciser le mode d'action de KNAT2 sur les voies de signalisation.

Références

Aaziz R, Dinant S, Epel BL (2001) Plasmodesmata and plant cytoskeleton. Trends in Pl. Sci. 6 : 326- 330.

Abu-Shaar M, Mann RS (1998) Generation of multiple antagonistic domains along the proximodistal axis during *Drosophila* leg development. Development (Cambridge, U.K.) 125, 3821–3830.

Abu-Shaar M, Ryoo HD, Mann RS (1999) Control of the nuclear localization of Extradenticle by competing localization and export sig-nals. Genes Dev. 13: 935–945.

Acampora D, D'Esposito M, Faiella A, Pannese M, Migliaccio E, Morelli F, Stornaiuolo A, Nigro V, Simeone A, Boncinelli E (1989) The human HOX gene family. Nucleic Acids Res. 17: 10385- 10402.

Aida M, Ishida T, Fukaki H, Fujisawa H, Tasaka M (1997) Genes involved in organ separation in Arabidopsis: an analysis of the cup-shaped cotyledon mutant. Plant Cell 9 : 841-857.

Aida M, Ishida T, Tasaka M (1999). Shoot apical meristem and cotyledon formation during Arabidopsis embryogenesis: interaction among the *CUP-SHAPED COTYLEDON* and *SHOOT MERISTEMLESS* genes. Development 126: 1563-1570.

Aida M, Vernoux T, Furutani M, Traas J, Tasaka M (2002) Roles of PIN-FORMED1 and MONOPTEROS in pattern formation of the apical region of the Arabidopsis embryo. Development. 129 :3965-3974.

Albert VA (1999) Shoot apical meristems and floral patterning : an evolutionary perpspective. Trends in Pl. Sci 4 :84-86.

Alonso JM, Hirayama T, Roman G, Nourizadeh S, Ecker JR (1999) EIN2, a bifunctional transducer of ethylene and stress responses in Arabidopsis. Science 284: 2148-2152.

Alvarez J, Smyth DR (1999) CRABS CLAW and SPATULA, two Arabidopsis genes that control carpel development in parallel with AGAMOUS. Development 126 : 2377-2386.

Ang LH, Deng XW (1994) Regulatory hierarchy of photomorphogenic loci: allele-specific and lightdependent interaction between the HY5 and COP1 loci. Plant Cell 6:613-628.

Angenent GC, Franken J, Busscher M, van Dijken A, van Went JL, Dons HJ, van Tunen AJ (1995) A novel class of MADS box genes is involved in ovule development in Petunia. Plant cell 7 : 1569-1582.

Aoyama T, Dong CH, Wu Y, Carabelli M, Sessa G, Ruberti I, Morelli G, Chua NH (1995) Ectopic expression of the Arabidopsis transcriptional activator Athb-1 alters leaf cell fate in tobacco. Plant Cell. 7:1773-1785.

Aoyama T, Chua NH (1997) A glucocorticoid-mediated transcriptional induction system in transgenic plants. Plant J. 11:605-612.

Arber A (1946) Goethe's botany. Chronica botanica 10 : 63-126.

Arber A (1950) The natural philosophy of plant form , cambridge University Press.

Aso K, Kato M, Banks JA, Hasebe M (1999) Characterization of homeodomain-leucine zipper genes in the fern Ceratopteris richardii and the evolution of the homeodomain-leucine zipper gene family in vascular plants. Mol Biol Evol. 16:544-552.

Autran D (2001) Le fonctionnement du méristème apical et la croissance des feuilles chez Arabidopsis thaliana. Rôle des gènes STRUWWELPETER. Thèse de Doctorat de l'université Paris 6.

Autran D, Jonak C, Belcram K, Beemster GT, Kronenberger J, Grandjean O, Inze D, Traas J (2002) Cell numbers and leaf development in Arabidopsis: a functional analysis of the STRUWWELPETER gene. EMBO J. 21: 6036-6049.

Azpiazu N, Morata G (2000) Function and regulation of homothorax in the wing imaginal disc of *Drosophil*a. Development 127:2685-2693.

Baima S, Possenti M, Matteucci A, Wisman E, Altamura MM, Ruberti I, Morelli G (2001) The arabidopsis ATHB-8 HD-zip protein acts as a differentiation-promoting transcription factor of the vascular meristems. Plant

Physiol. 126:643-655.

Balachandran S, Xiang Y, Schobert C, Thompson GA, Lucas WJ (1997) Phloem sap proteins from cucurbita maxima and ricinus communis have the capacity to traffic cell to cell through plasmodesmata. Proc Natl Acad Sci U S A. 94:14150-14155.

Barabas Z, Rédei GP (1971) Facilitation of crossing by the use of appropriate parental stocks. Arabidopsis. Inf. Ser. 8 : 7-8.

Barton MK (1998) Cell type specification and self renewal in the vegetative shoot apical meristem. Curr Opin Plant Biol. 1:37-42.

Barton MK (2001) Giving meaning to movement. Cell 107: 129-132.

Barton MK, Poethig RS (1993) Formation of the shoot apical meristem in *Arabidopsis thaliana*: an analysis of development in the wild-type and in the *shoot meristemless* mutant. Development 119: 823-831.

Bateson W (1894) Materials for the Study of Variation (London :MacMillan).

Beaudoin N, Serizet C, Gosti F, Giraudat J (2000) Interactions between abscisic acid and éthylène signalling cascades. Plant Cell 12: 1103-1116.

Becraft P, Freeling M (1994) Genetic analysis of *Rough sheath 1* developmental mutants of maize. Genetics 136: 295–311.

Bellaoui M, Pidkowich MS, Samach A, Kushalappa K, Kohalmi SE, Modrusan Z, Crosby WL, Haughn GW (2001) The Arabidopsis BELL1 and KNOX TALE homeodomain proteins interact through a domain conserved between plants and animals. Plant Cell 13: 2455–2470.

Berthelsen J, Zappavigna V, Mavilio F, Blasi F (1998a) Prep1, a novel functional partner of Pbx proteins. EMBO J. 17 : 1423–1433.

Berthelsen J, Zappavigna V, Mavilio F, Blasi F (1998b) The novel homeoprotein Prep1 modulates Pbx-Hox protein cooperativity. EMBO J. 17: 1434–1445.

Berthelsen J, Kilstrup-Nielsen C, Blasi F, Mavilio F, Zappavigna V (1999) The subcellular localization of PBX1 and EXD proteins depends on nuclear

135

import and export signals and is modulated by association with PREP1 and HTH. Genes Dev. 13:946-953.

Bertolino E, Reimund B, Wildt-Perinic D, Clerc RG (1995) A novel homeobox protein which recognize a TGT core and functionally interferes with a retinoid-responsive motif. J. Biol. Chem. 270 : 31178–31188.

Bharathan G, Goliber TE, Moore C, Kessler S, Pham T, Sinha NR (2002) Homologies in leaf form inferred from KNOXI gene expression during development. Science 296:1858-1860.

Bischof LJ, Kagawa N, Moskow JJ, Takahashi Y, Iwamatsu A, Buchberg AM, Waterman MR (1998) Members of the meis1 and pbx homeodomain protein families cooperatively bind a cAMPresponsive sequence (CRS1) from bovine CYP17. J. Biol. Chem. 273: 7941–7948.

Bohmert K, Camus I, Bellini C, Bouchez D, Caboche M et Benning C (1998) *AGO1* defines a novel locus of *Arabidopsis* controlling leaf development. EMBO J. 17: 170-180.

Bouquin T, Meier C, Foster R, Nielsen ME, Mundy J (2001) Control of specific gene expression by gibberellin and brassinosteroid. Plant Physiol. 127: 450–458.

Bowman JL, Baum SF, Eshed Y, Putterill J, Alvarez J (1999) Molecular genetics of gynoecium development in Arabidopsis. Curr. Top. Dev. Biol. 45 : 155-205.

Bowman JL, Smyth DR, Meyerowitz EM (1991) Genetic interactions among floral homeotic genes of Arabidopsis. Developement 112 : 1-20.

Bowman JL, Smyth DR (1999) CRABS CLAW, a gene that regulates carpel and nectary development in Arabidopsis, encodes a novel protein with zinc finger and helix-loop-helix domains. Development. 126:2387-2396.

Bowman JL, Eshed Y (2000) Formation and maintenance of the shoot apical meristem. Trends Plant Sci. 5: 110-115.

Boyko V, Ferralli J, Ashby J, Schellenbaum P, Heinlein M (2000) Function of microtubules in intercellular transport of plant virus RNA. Nat Cell Biol. 2:826-832.

Brand U, Fletcher JC, Hobe M, Meyerowitz EM, Simon R (2000) Dependence of stem cell fate in Arabidopsis on a feedback loop regulated by CLV3 activity. Science 289: 617-619.

Brandstatter I, Kieber JJ (1998) Two genes with similarity to bacterial response regulators are rapidly and specifically induced by cytokinin in Arabidopsis. Plant Cell 10:1009-1019.

Brutnell TP, Langdale JA (1998) Signals in leaf development. Adv Bot Res 28: 162–187.

Burglin TR (1997) Analysis of TALE superclass homeobox genes (MEIS, PBC, KNOX, Iroquois, TGIF) reveals a novel domain con-served between plants and animals. Nucleic Acids Res. 25: 4173–4180.

Burglin TR (1998) The PBC domain contains a MEINOX domain: coevolution of Hox and TALE homeobox genes? Dev Genes Evol. 208: 113-116.

Byrne ME, Barley R, Curtis M, Arroyo JM, Dunham M, Hudson A, Martienssen RA (2000) *Asymmetric leaves1* mediates leaf patterning and stem cell function in Arabidopsis. Nature 408 : 967- 971.

Byrne ME, Simorowski J, Martienssen RA (2002) ASYMMETRIC LEAVES1 reveals knox gene redundancy in Arabidopsis. Development 129:1957-1965.

Callos JD, Medford JI (1994) Organ position and pattern formation in the shoot apex. Plant J. 6: 1-7. **Campbell G, Weaver T, Tomlinson A** (1993) Axis specification in the developing *Drosophila* appendage: the role of *wingless, decapentaplegic*, and the homeobox gene *aristales*s. Cell 74:1113–1123.

Campbell G, Tomlinson A (1998) The roles of the homeobox genes *aristaless* and *Distal-less* in patterning the legs and wings of *Drosophila*. Development 125:4483-4493.

Cary AJ, Liu W, Howell SH (1995) Cytokinin action is coupled to ethylene in its effects on the inhibition of root and hypocotyl elongation in Arabidopsis thaliana seedlings. Plant Physiol 107: 1075- 1082.

Casares F, Sanchez L, Guerrero I, Sanchez-Herrero E(1997) The genital disc of *Drosophila melanogaster*. I. Segmental and compartmental organization. Dev. Genes Evol. 207:216–228.

Casares F, Mann RS (1998) Control of antennal versus leg development in Drosophila. Nature 392:723-726.

Casares F, Mann RS (2000) A dual role for *homothorax* in inhibiting wing blade development and specifying proximal wing identities in *Drosophila*. *Development* 127:1499-1508.

Champagne CEM, Singer SD, Ashton NW (2001) Ancestry of *KNOX* genes revealed by Bryophyte (Physcomitrella patens) homologues. Poster : genomics ASPB 2001. http://www.rycomusa.com/aspp2001/public/P48/0276.html

Chan SK, Mann RS (1993) The segment identity functions of Ultrabithorax are con-tained within its homeodomain and carboxy-terminal sequences. Genes Dev. 7:796–811.

Chan SK, Jaffe L, Capovilla M, Botas J, Mann SR (1994) The DNA binding specificity of Ultrabithorax is modulated by cooperative interactions with Extradenticle, another homeoprotein. Cell 78 : 603–615.

Chan RL, Gago GM, Palena CM, Gonzalez DH (1998) Homeoboxes in plant development. Biochim Biophys Acta. 1442:1-19.

Chang C, Kwok SF, Bleecker AB, Meyerowitz EM (1993) Arabidopsis ethylene-response gene *ETR1*: similarity of product to two-component regulators. Science 262: 539-544.

Chang C-P, BrocchierI L Shen W-F, Largman C, Cleary ML (1996) Pbx Modulation of Hox Homeodomain Amino-Terminal Arms Establishes Different DNA-Binding Specificities across the *Hox* Locus. Mol. Cell. Biol. 16: 1734-1745.

Chang C-P, Jacobs Y, Nakamura T, Jenkins NA, Copeland NG ,Cleary ML (1997) Meis proteins are major in vivo DNA binding partners for wild-type but not chimeric Pbx proteins. Mol. Cell. Biol. 17 : 5679–5687.

Chattopadhyay S, Ang LH, Puente P, Deng XW, Wei N (1998) Arabidopsis bZIP protein HY5 directly interacts with light-responsive promoters in mediating light control of gene expression. Plant Cell 10:673-683.

Chaudhury AM, Letham S, Craig S, Dennis ES (1993) *amp1* – a mutant with high cytokinin levels and altered embryonic pattern, faster vegetative growth, constitutive photomorphogenesis and precocious flowering. Plant J. 4: 907-916.

Chen JJ, Janssen BJ, Williams A, Sinha N (1997) A gene fusion at a homeobox locus: alterations in leaf shape and implications for morphological evolution. Plant Cell 9: 1289-1304.

Chen X, Meyerowitz EM (1999) HUA1 and HUA2 are two members of the floral homeotic AGAMOUS pathway. Mol Cell. 3:349-360.

Chen X, Liu J, Cheng Y, Jia D (2002) HEN1 functions pleiotropically in Arabidopsis development and acts in C function in the flower. Development. 129:1085-1094.

Chuck G, Lincoln C, Hake S (1996) KNAT1 induces lobed leaves with ectopic meristems when overexpressed in Arabidopsis. Plant Cell. 8: 1277-1289.

Clark SE, Running M, Meyerowitz EM (1993) CLAVATA1, a regulator of meristem and flower development in Arabidopsis. Development. 119: 397-418.

Clark SE, Running MP, Meyerowitz EM (1995) *CLAVATA3* is a specific regulator of shoot and floral meristem development affecting the same processes as *CLAVATA*1. Development 121: 2057-2067.

Clark SE, Jacobsen SE, Levin J, Meyerowitz EM (1996) The *CLAVATA* and *SHOOT MERISTEMLESS* loci competitively regulate meristem activity in *Arabidopsi*s. Development 122: 1567- 1575.

Clark SE, Williams RW, Meyerowitz EM (1997) The CLAVATA1 gene encodes a putative receptor kinase that controls shoot and floral meristem size in

Arabidopsis. Cell 89 : 575-585.

Clark SE (2001) Meristems: start your signaling. Curr. Op. Plant Biol. 4: 28-32.

Coen ES, Meyerowitz EM (1991) The war of the whorls: genetic interactions controlling flower development. Nature. 353:31-37.

Colasanti J, Sundaresan V (2000) 'Florigen' enters the molecular age: long-distance signals that cause plants to flower. Trends Biochem Sci. 25:236-240.

Cole M, Markel H, Nolte C, Werr W (2002) In planta analysis of SHOOT MERISTEMLESS (STM) protein functions and isolation of potential interaction partners in the shoot apical meristem of Arabidopsis thaliana. XIII International Conference on Arabidopsis research, Sevilla, poster 7-04.

Colombo L, Franken J, Koetje E, van Went J, Dons HJ, Angenent GC, van Tunen AJ (1995) The petunia MADS box FBP11 determines ovule identity. Plant Cell 7 : 1859-1868.

Conway LJ, Poethig RS (1997) Mutations of Arabidopsis thaliana that transform leaves into cotyledons. Proc. Ntal. Acad. Sci. U.S.A. 94 : 10209-10214.

Cosgrove DJ (1999) Enzymes and other agents that enhance cell wall extensibility. Annu. Rev. Plant Physiol. Plant Mol. Biol. 50: 391-417.

Cosgrove DJ (2000) Loosening of plant cell walls by expansins. Nature 407: 321-326.

Couteau F, Belzile F, Horlow C, Grandjean O, Vezon D, Doutriaux MP (1999) Random chromosome segregation without meiotic arrest in both male and female meiocytes of a dmc1 mutant of Arabidopsis. Plant Cell 11: 1623-1634.

Crick FH, Lawrence PA (1975) Compartments and polyclones in insect development. Science 189:340-347.

Dahmann C, Basler K (1999) Compartment boundaries: at the edge of development. Trends Genet. 15:320-326.

Davis EL, Rennie P, Steeves TA (1979) Further analytical and experimental studies on the shoot apex of *Helianthus annuus*: variable activity in the central zone. Can. J. Bot.57, 971-980.

del Pozo JC, Estelle M (1999) Function of the ubiquitin-proteosome pathway in auxin response. Trends Plant Sci. 4: 107-111.

Dengler NG (1984) Comparison of leaf development in normal (+/+), entire (e/e), and Lanceolate (La/+) plants of tomato Lycopersicon esculentum Ailsa Craig. Bot. Gaz. 145 : 66-77.

Desprez T, Amselem J, Caboche M, Hofte H (1998) Differential gene expression in Arabidopsis monitored using cDNA arrays. Plant J. 14: 643-652.

De Veylder L, Beeckman T, Beemster GT, de Almeida Engler J, Ormenese S, Maes S, Naudts M, Van Der Schueren E, Jacqmard A, Engler G, Inze D (2002) Control of proliferation, endoreduplication and differentiation by the Arabidopsis E2Fa-DPa transcription factor. EMBO J.21:1360-1368.

Di Cristina M, Sessa G, Dolan L, Linstead P, Baima S, Ruberti I, Morelli G (1996) The Arabidopsis Athb-10 (GLABRA2) is an HD-Zip protein required for regulation of root hair development. Plant J. 10:393-402.

Ding B (1998) Intercellular protein trafficking through plasmodesmata. Plant Mol Biol. 38:279-310.

Ding B, Itaya A, Woo Y (1999) Plasmodesmata and cell-to-cell communication in plants. Int. Rev. Of Cytol. 190: 251-315.

Dockx J, Quaedvlieg N, Keultjes G, Kock P, Weisbeek P, Smeekens S (1995) The homeobox gene ATK1 of Arabidopsis thaliana is expressed in the shoot apex of the seedling and in flowers and inflorescence stems of mature plants. Plant Mol Biol. 28:723-737.

Dockx J (1995) On homeobox genes and plant developemt. PhD (Université d'Utrecht).

Dolan JW, Fields S (1991) Cell-type-specific transcription in yeast. Biochim Biophys Acta. 1088:155- 169.

Dong PD, Chu J, Panganiban G (2000) Co-expression of the homeobox genes

Distal-less and homothorax determines Drosophila antennal identity. Development 127:209–216.

Donnelly PM, Bonetta D, Tsukaya H, Dengler RE, Dengler NG (1999) Cell cycling and cell enlargement in developing leaves of Arabidopsis. Dev Biol. 215:407-419.

Douglas SJ, Chuck G, Dengler RE, Pelcanda L, Riggs CD (2002) *KNAT1* and *ERECTA* regulate inflorescence architecture in *Arabidopsi*s. Plant Cell 14: 547-558.

Dubnau J, Struhl G (1996) RNA recognition and translational regulation by a homeodomain protein. Nature 379 : 694-699.

Duncan DM, Burgess EA, Duncan I (1998) Control of distal antennal identity and tarsal development in *Drosophila* by spineless-aristapedia, a homolog of the mammalian dioxin receptor. Genes Dev. 12:1290–1303.

Egea-Cortines M, Saedler H, Sommer H (1999) Ternary complex formation between the MADS-box proteins SQUAMOSA, DEFICIENS and GLOBOSA is involved in the control of floral architecture in Antirrhinum majus. EMBO J. 18:5370-5379.

Ekker SC, Jackson DG, von Kessler DP, Sun BI, Young KE, Beachy PA (1994) The degree of variation in DNA sequence recognition among four *Drosophila* homeotic proteins. *EMBO J.* 13:3551– 3560.

Elliott RC, Betzner A, Huttner E, Oakes MP, Tucker WQ, Gerentes D. Perez P, Smyth DR (1996). *AINTEGUMENTA*, an *APETALA2*-like gene of Arabidopsis with pleiotropic roles in ovule development and floral organ growth. Plant Cell. 8: 155-168.

Endrizzi K, Moussian B, Haecker A, Levin JZ, Laux T (1996) The *SHOOTMERISTEMLESS* gene is required for maintenance of undifferentiated cells in *Arabidopsis* shoot meristems and acts at a different regulatory level than the meristem genes *WUSCHEL* and *ZWILLE*. Plant J. 10: 967-979.

Eshed Y, Baum SF, Bowman JL (1999) Distinct mechanisms promote polarity

142

establishment in carpels of *Arabidopsis*. Cell 99: 199-209.

Estruch JJ, Prinsen E, van Onckelen H, Schell J, Spena A (1991) *Viviparous* leaves produced by somatic activation of an inactive cytokinin-synthesizing gene. Science 254: 1364–1367.

Estruch JJ, Chriqui D, Grossmann K, Schell J, Spena A (1991). The plant oncogene rolC is responsible for the release of cytokinins from glucoside conjugates. EMBO J. 10 : 2889-2895.

Evans ME, Barton KM (1997) Genetics of angiosperm shoot apical meristem development. Ann. Rev.Plant Physiol. Plant Mol. Biol. 48: 673-701.

Faure JD, Vittorioso P, Santoni V, Fraisier V, Prinsen E, Barlier I, Van Onckelen H, Caboche M, Bellini C (1998) The PASTICCINO genes of Arabidopsis thaliana are involved in the control of cell division and differentiation. Development. 125: 909-918.

Felix G, Altmann T, Uwer U, Jessop A, Willmitzer L, Morris PC (1996) Characterization of *waldmeister*, a novel developmental mutant in Arabidopsis thaliana. J. Exp. Bot. 47 : 1007-1017.

Ferrandiz C, Liljegren SJ, Yanofsky MF (2000) Negative regulation of the SHATTERPROOF genes by FRUITFULL during Arabidopsis fruit development. Science 289:436-438.

Flanagan CA, Ma H (1994) Spatially and temporally regulated expression of the MADS-box gene AGL2 in wild-type and mutant arabidopsis flowers. Plant Mol Biol. 26:581-595.

Fleming AJ, McQueen-Mason S, Mandel T, Kuhlemeier C (1997) Induction of leaf primordia by the cell wall protein expansin. Science 276: 1415-1418.

Fletcher JC, Brand U, Running MP, Simon R, Meyerowitz EM (1999) Signaling of cell fate decisions by CLAVATA3 in Arabidopsis shoot meristems. Science. 283: 1911-1914.

Fletcher JC (2002) Shoot and floral meristem maintenance in arabidopsis. Annu Rev Plant Biol. 53:45-66.

Foster AS (1938) Structure and growth of the shoot apex in Ginkgo biloba. Bull. Torrey Botan. Club 65: 531-566.

Fowler JE, Muehlbauer GJ, Freeling M (1996) Mosaic analysis of the liguleless3 mutant phénotype in maize by coordinate suppression of mutator-insertion alleles. Genetics 143: 489-503.

Fozzard G, Lindsey K (2002) The *KNAT6* homeobox gene of Arabidopsis thaliana is expressed in roots. XIII International Conference on *Arabidopsis* Research, Sevilla. Poster 3.07.

Frugis G, Giannino D, Mele G, Nicolodi C, Innocenti AM, Chiappetta A, Bitonti MB, Dewitte W, Van Onckelen H, Mariotti D (1999) Are homeobox knotted-like genes and cytokinins the leaf architects? Plant Physiol. 119 :371-374.

Frugis G, Giannino D, Mele G, Nicolodi C, Chiappetta A, Bitonti MB, Innocenti AM, Dewitte W, Van Onckelen H, Mariotti D (2001) Overexpression of *KNAT1* in lettuce shifts leaf determinate growth to a shoot-like indeterminate growth associated with an accumulation of isopentenyl-type cytokinins. Plant Physiol. 126:1370-1380.

Frugis G, Chua NH (2002) Shoot apical meristem formation : a gibberellin/auxin connection. XIII International Conference on Arabidopsis Research, Sevilla, Poster 3-45.

Furukubo-Tokunaga K, Flister S, Gehring WJ (1993) Functional specificity of the Antennapedia homeodomain. Proc. Natl. Acad. Sci. USA 90:6360–6364.

Garcia-Bellido A, Santamaria, P (1972) Developmental analysis of the wing disc in the mutant *engrailed* of *Drosophila melanogaste*r. Genetics 72:87–104

Garcia-Bellido A, Ripoll P, Morata G (1973) Developmental compartmentalisation of the wing disk of *Drosophil*a. Nat. New Biol. 245:251–253.

Garcia-Bellido A (1975) Genetic control of wing disc development in *Drosophil*a.*InCell Patterning, Ciba Found Symp*, ed. S Brenner. 29:161–82.

New York: Associated Scientific Publishers.

Gatz C, Lenk I (1998) Promoters that respond to chemical inducers. Trends in Pl. Sci. 3: 352-358.

Gehring WJ, Muller M, Affolter M, Percival-Smith A, Billeter M, Qian YQ, Otting G, and Wüthrich K (1990) The structure of the homeodomain and its functional application. Trends Genet. 6 : 323-329.

Gehring WJ, Affolter M, Burglin T (1994) Homeodomain proteins. *Annu. Rev. Biochem.* 63 : 487– 526.

Gibson G, Gehring WJ (1988) Head and thoracic transformation caused by ectopic expression of *Antennapedia* during *Drosophila* development. Development 102:657-675.

Gibson G, Schier A, LeMotte P, Gehring WJ (1990) The specificities of Sex combs reduced and Antennapedia are defined by a distinct portion of each protein that includes the homeodomain. Cell 62:1087-1103.

Gifford EM, Foster AS (1989) Morphology and evolution of vascular plants (3rd Ed), WH Freeman and Co.

Gisel A, Barella S, Hempel FD, Zambryski PC (1999). Temporal and spatial regulation of symplasmic trafficking during development in *Arabidopsis thaliana* apices. Development 126: 1879- 1889.

Gisel A, Hempel FD, Barella S, Zambryski P (2002) shoot apex movement of symplastic tracer is restricted coincident with flowering in Arabidopsis. Proc Natl Acad Sci U S A. 99:1713-1717.

Goethe JW (1790) Versuch, die Metamorphose der Pflanzen zu erklären (Essay on the Metamorphosis of Plants). Chronical Botany 10: 63-126.

Golz JF, Keck EJ, Hudson A (2002) Spontaneous mutations in KNOX genes give rise to a novel floral structure in Antirrhinum. Curr Biol. 12: 515-522.

Gonzalez-Crespo S, Morata G (1995) Control of *Drosophila* adult pattern by *extradenticle*. Development 121:2117-2125.

Gonzalez-Crespo S, Morata G (1996) Genetic evidence for the subdivision of the arthropod limb into coxopodite and telopodite. Development 122:3921-3928.

Gonzalez-Crespo S, Abu-Shaar M, Torres M, Martinez-A C, Mann RS, Morata G (1998) Antagonism between extradenticle function and Hedgehog signalling in the developing limb. Nature 394:196-200.

Gonzalez-Reyes A, Morata G (1990) The developmental effect of overexpressing a Ubx product in Drosophila embryos is dependent on its interactions with other homeotic products. Cell 61:515-522.

Goodrich J, Puangsomlee P, Martin M, Long D, Meyerowitz EM, Coupland G (1997) A Polycombgroup gene regulates homeotic gene expression in Arabidopsis. Nature 386 :44-51.

Goto S, Hayashi S (1999) Proximal to distal cell communication in the *Drosophila* leg pro-vides a basis for an intercalary mechanism of limb patterning. Development 126:3407-3413.

Gray WM, Estelle M (2000) Function of the ubiquitin-proteasome pathway in auxin response. Trends Biochem. Sci. 25 : 133-138.

Grbic B, Bleecker AB (1996) An altered body plan is conferred on Arabidopsis plants carrying dominant alleles of two genes. Development. 122:2395-2403.

Green PB (1985) Surface of the shoot apex: a reinforcement field theory for phyllotaxis. J. Cell. Sci. Suppl. 2: 181-201

Green PB (1986). Plasticity in shoot development: a biophysical view. Symp. Soc. Exp. Biol. 40: 212- 232.

Green PB (1992) Pattern formation in shoots : a likely role for minimum energy configurations of the tunica. Int J plant sci 153: 559-575.

Green PB and Lang JM (1981) Toward a biophysical theory of organogenesis: Bifringence observations on regenrating leaves in the succule, *Graptopetalum paraguayense* E. Walther. Planta 151: 413-426.

Green PB, Steele CS et Rennich SC (1996). Phyllotactic patterns: a biophysical mechanism for their origin. Ann. Bot. 77: 515-527.

Green PB (1997) Expansin and morphology: a role for biophysics. Trends in Pl. Sci. 2: 365-366.

Green PB (1999) Expression of pattern in plants: combining molecular and calculus-base biophysical paradigms. Am. J. Bot. 86: 1059-1076.

Grieder N, Marty T, Ryoo HD, Mann RS, Affolter M (1997) Synergistic activation of a *Drosophila* enhancer by HOM/EXD and DPP signaling. EMBO J. 16:7402-7410.

Gross-Hardt R, Lenhard M, Laux T (2002) WUSCHEL signaling functions in interrégional communication during Arabidopsis ovule development. Genes Dev. 16:1129-1138.

Gustafson-Brown C, Savidge B, Yanofsky MF (1994) Regulation of the arabidopsis floral homeotic gene APETALA1. Cell. 76:131-143.

Gutierrez-Cortines ME, Davies B (2000) Beyond the ABCs: ternary complex formation in the control of floral organ identity. Trends Plant Sci. 11: 471-476.

Haberer G, Kieber JJ (2002) Cytokinins. New insights into a classic phythormone. Plant Physiol. 128: 354-362.

Haecker A, Laux T (2001). Cell-cell signaling in the shoot meristem. Curr. Op. Plant Biol. 4: 441-446.

Hake S, Vollbrecht E, Freeling M (1989) Cloning *Knotted*, the dominant morphological mutant in maize using Ds2 as a transposon tag. EMBO J. 8: 15-22.

Hake S (1992) Unraveling the knots in plant development (1992) Trends Genet. 8:109-114.

Hake S, Char B, Chuck G, Foster T, Long J, Jackson D (1995). Homeobox genes in the functioning of plant meristems. Philos Trans R Soc Lond B Biol Sci. 350: 45-51.

Hake S (2001a) Transcription factors on the move. Trends Genet. 7: 2-3.

Hake S (2001b) Mobile protein signals cell fate. Nature 413: 261-263.

Hall LN, Langdale JA (1996) Molecular genetics of cellular differentiation in leaves. New Phytol. 132: 533-553.

Hamant O, Nogue F, Belles-Boix E, Jublot D, Grandjean O, Traas J, Pautot V (2002) The KNAT2 homeodomain protein interacts with ethylene ans cytokinin signalling. Plant Physiol. 130: 657-665.

Harada JJ, Lotan T, Fischer RL (1998) Embryos without sex. Trends in Pl. Sci. 3 : 452-453.

Hareven D, Gut?nger T, Parnis A, Eshed Y, Lifcshitz E (1996) The making of a compound leaf: genetic manipulation of leaf architecture in tomato. Cell 84: 735-744.

Hay A, Kaur H, Phillips A, Hedden P, Hake S, Tsiantis M (2002) The gibberellin pathway médiates KNOTTED1-type homeobox function in plants with different body plans. Curr Biol. 12: 1557-1565.

Hedden P, Phillips AL (2000) Gibberellin metabolism: new insights revealed by the genes. Trends Plant Sci.5: 523-530.

Heinlein M, Epel BL, Padgett HS, Beachy RN (1995) Interaction of tobamovirus movement proteins with the plant cytoskeleton. Science. 270:1983-1985.

Helliwell CA, Chin-Atkins AN, Wilson IW, Chapple R, Dennis ES, Chaudhury A (2001) The *Arabidopsis AMP1* gene encodes a putative glutamate carboxypeptidase. Plant Cell 13: 2115-2125.

Hewelt A, Prinsen E, Thomas M, Van Onckelen H, Meins F Jr (2000) Ectopic expression of maize knotted1 results in the cytokinin-autotrophic growth of cultured tobacco tissues. Planta. 210:884-889.

Hofer JMI, Ellis THN (1998) The genetic control of patterning in pea leaves. Trends in Pl Sci 3 : 439- 444.

Hofer J, Gourlay C, Michael A, Ellis TH (2001) Expression of a class 1 knotted1-like homeobox gene is down-regulated in pea compound leaf primordia. Plant Mol Biol. 2001 45:387-398.

Höfte H, Desprez T, Amselem J, Chiapello H, Rouze P, Caboche M, Moisan

A, Jourjon MF, Charpenteau JL, Berthomieu P, et al. (1993) An inventory of 1152 expressed sequence tags obtained by partial sequencing of cDNAs from Arabidopsis thaliana. Plant J. 4:1051-1061.

Honma T, Goto K (2001) Complexes of MADS-box proteins are sufficient to convert leaves into floral organs. Nature.409: 525-529.

Huang H, Tudor M, Su T, Zhang Y, Hu Y, Ma H (1996) DNA binding properties of two Arabidopsis MADS domain proteins: binding consensus and dimer formation. Plant Cell. 8:81-94.

Hudson A (2000) Development of symmetry in plants. Annu. Rev. Plant Physiol. Plant Mol. Biol. 51: 349-370.

Hudson et al., (2002) XIII International Conference on Arabidopsis Research, Poster 2-28 (aucun résumé n'a été publié).

Hung CY, Lin Y, Zhang M, Pollock S, Marks MD, Schiefelbein J (1998) A common positiondependent mechanism controls cell-type patterning and GLABRA2 regulation in the root and hypocotyl
epidermis of Arabidopsis. Plant Physiol. 117:73-84.

Hussey G (1971) Cell division and expansion and resultant tissue tensions in the shoot apex during the formation of a leaf primordium in the tomato. J. Exp. Bot. 22: 702-714.

Hussey G (1972) The mode of origin of a leaf primordia in the shoot apex of the pea *(Pisum sativu*m). J. Exp. Bot. 23: 675-682.

Hutchison CE, Kieber JJ (2002) Cytokinin signaling in Arabidopsis. Plant Cell 14 Suppl:S47-59.

Hwang I, Sheen J (2001) Two-component circuitry in Arabidopsis cytokinin signal transduction. Nature 413: 383-389.

Inoue T, Higushi M, Hashimoto Y, Seki M, Kobayashi M, Kato T, Tabata S, Shinozaki K, Kakimoto T (2001) Identification of CRE1 as a cytokinin receptor from *Arabidopsi*s. Nature 409: 1060- 1063.

Irish VF, Sussex IM (1992) A fat map of the Arabidopsis embryonic shoot apical meristem. Development 115: 745-753.

Irish VF (1999) Patterning the flower. Dev. Biol 209: 211-220.

Irish VF, Jenik PD (2001) Cell lineage, cell signaling and the control of plant morphogenesis. Curr Opin Genet Dev. 11:424-430.

Irvine KD, Rauskolb C (2001) Boundaries in development: formation and function. Annu. Rev. Cell Dev. Biol. 17: 189-214.

Ishida T, Aida M, Takada S et Tasaka M (2000) Involvement of *CUP-SHAPED COTYLEDON* genes in gynoecium and ovule development in *Arabidopsis thaliana*. Plant Cell Physiol. 41: 60-67.

Ito Y, Hirochika H, Kurata N (2002) Organ-specific alternative transcripts of KNOX family class 2 homeobox genes of rice. Gene 288:41-47.

Iwakawa H, Ueno Y, Semiarti E, Onouchi H, Kojima S, Tsukaya H, Hasebe M, Soma T, Ikezaki M, Machida C, Machida Y (2002) The ASYMMETRIC LEAVES2 gene of Arabidopsis thaliana, required for formation of a symmetric flat leaf lamina, encodes a member of a novel family of proteins characterized by cysteine repeats and a leucine zipper. Plant Cell Physiol 43:467-478.

Jack T (2001) Relearning our ABCs: new twists on an old model. Trends Plant Sci. 6: 310-316.

Jack T (2002) New members of the floral organ identity AGAMOUS pathway. Trends in Pl. Sci. 7 : 286-287.

Jackson D (1996) Plant morphogenesis : designing leaves. Curr Biol 6 : 917-919.

Jackson D (2000) Opening up the communication channels: recent insights into plasmodesmal function. Curr. Op. Plant Biol. 3: 394-399.

Jackson D, Veit B, Hake S (1994) Expression of maize *KNOTTED1* related homeobox genes in the shoot apical meristem predicts patterns of morphogenesis in the vegetative shoot. Development 120: 405-413.

Jackson D, Hake S (1997) Morphogenesis on the move: cell-to-cell trafficking of plant regulatory proteins. Current Opinion in Genetics & Development 7:495-

500.

Jackson D, Hake S (1999) Control of phyllotaxy in maize by the *abphyl1* gene. Development 126: 315-323.

Jacobsen SE, Olszewski NE (1993) Mutations at the SPINDLY locus of Arabidopsis alter gibberellin signal transduction. Plant Cell 5: 887-896.

Jacobsen SE, Meyerowitz EM (1997) Hypermethylated SUPERMAN epigenetic alleles in arabidopsis. Science 277:1100-1103.

Jaffe L, Ryoo HD, Mann RS (1997) A role for phosphorylation by casein kinase 2 in modulating Antennapedia function in *Drosophil*a. Genes Dev. 11:1327-1340.

Jansen RP (1999) RNA-cytoskeletal association. FASEB J. 13 : 455-466.

Jeong S, Trotochaud AE, Clark SE (1999) The Arabidopsis *CLAVATA2* gene encodes a receptorlike protein required for the stability of the CLAVATA1 receptor-like kinase. Plant Cell 11: 1925-1933.

Jofuku KD, den Boer BG, Van Montagu M, Okamuro JK (1994) Control of Arabidopsis flower and seed development by the homeotic gene APETALA 2. Plant Cell 6 : 1211-1225.

Jones RS, Gelbart WM (1990) Genetic analysis of the enhancer of zeste locus and its role in gene regulation in Drosophila melanogaster. Genetics. 126: 185-199.

Jorgensen JE, Gronlund M, Pallisgaard N, Larsen K, Marcker KA, Jensen EO (1999) A new class of plant homeobox genes is expressed in specific regions of determinate symbiotic root nodules. Plant Mol Biol. 40: 65-77.

Jürgens G, Ruiz RAT, Laux T, Mayer U, Berleth T (1994) Early events in apical-basal pattern formation in Arabidopsis. In G. Corruzzi & P. Puigdomènech (Eds) Plant molecular Biology: molecular- Genetic Analysis of Plant Development and Metabolism (pp95-103). Berlin: Springer.

Kakimoto T (1996) CKI1, a histidine kinase homolog implicated in cytokinin signal transduction. Science 274: 982-985.

Kakimoto T (2001) Identification of plant cytokinin biosynthetic enzymes as dimethylallyl diphosphate:ATP/ADP isopentenyltransferases. Plant Cell Physiol 42: 677-685.

Kappen C, Schughart K, Ruddle FH (1989) Two steps in the evolution of Antennapedia-class vertebrate homeobox genes. Proc Natl Acad Sci U S A. 86: 5459-5463.

Kappen C (2000) Analysis of a complete homeobox gene repertoire: implications for the evolution of diversity. Proc. Natl. Acad. Sci. 97: 4481-4486.

Kaya H, Shibahara KI, Taoka KI, Iwabuchi M, Stillman B, Araki T (2001) FASCIATA genes for chromatin assembly factor-1 in arabidopsis maintain the cellular organization of apical meristems. Cell 104:131-142.

Kayes JM, Clark SE (1998) CLAVATA2, a regulator of meristem and organ development in Arabidopsis. Development. 125: 3843-3851.

Kenyon C (1994) If birds can fly, why can't we? Homeotic genes and evolution. Cell 78: 175-180.

Kerstetter R, Vollbrecht E, Lowe B, Veit B, Yamaguchi J, Hake S (1994) Sequence analysis and expression patterns divide the maize knotted1-like homeobox genes into two classes. Plant Cell. 6: 1877-1887.

Kerstetter RA, Laudencia-Chingcuanco D, Smith L, Hake S (1997) Loss-of-function mutations in the maize homeobox gene, *KNOTTED1*, are defective in shoot meristem maintenance. Development 124: 3045-3054.

Kerstetter RA, Bollman K, Taylor RA, Bomblies K, Poethig RS (2001) KANADI regulates organ polarity in Arabidopsis. Nature. 411:706-709.

Kieber JJ, Rothenberg M, Roman G, Feldmann KA, Ecker JR (1993) *CTR1*, a negative regulator of the ethylene response pathway in Arabidopsis, encodes a member of the raf family of protein kinases. Cell 72: 427-441.

Kim JY, Yuan Z, Cilia M, Khalfan-Jagani Z, Jackson D (2002) Intercellular trafficking of a KNOTTED1 green fluorescent protein fusion in the leaf and shoot meristem of Arabidopsis. Proc Natl

Acad Sci U S A. 99:4103-4108.

King RW, Moritz T, Evans LT, Junttila O, Herlt AJ (2001) Long-day induction of flowering in Lolium temulentum involves sequential increases in specific gibberellins at the shoot apex. Plant Physiol. 127 : 624-632.

Kissinger SR, Liu B, Martin-Blanco E, Kornberg TB, Pabo CO (1990) Crystal structure of an engrailed homeodomain-DNA complex at 2.8Å resolution: A framework for understanding homeodomain-DNA interactions. Cell 63 : 579–590.

Klee HJ, Lanahan MB (1995) Transgenic plants in hormone biology. *In* PJ Davies, ed, Plant Hormones: Physiology, Biochemistry and Molecular Biology. Kluwer Academic Publishers, Dordrecht, The Netherlands, pp 340–353.

Klucher KM, Chow H, Reiser L, Fischer RL (1996) The *AINTEGUMENTA* gene of Arabidopsis required for ovule and female gametophyte development is related to the floral homeotic gene APETALA2. Plant Cell 8: 137-153.

Knoepfler PS, Calvo KR, Chen H, Antonarakis SE, Kamps MP (1997) Meis1 and pKnox1 bind DNA cooperatively with Pbx1 utilizing an interaction surface disrupted in oncoprotein E2a-Pbx1. Proc. Natl. Acad. Sci. USA 94: 14553–14558.

Kornberg TB (1993) Understanding the homeodomain. J. Biol. Chem. 268 : 26813-26816.

Kragler F, Monzer J, Shash K, Xoconostle-Cazares B, Lucas WJ (1998) Cell-to cell transport of proteins: requirement of unfolding and characterization of binding to a putative plasmodesmal receptor. Plant J. 15: 367-381.

Kragler F, Monzer J, Xoconostle-Cazares B, Lucas WJ (2000) Peptide antagonists of the plasmodesmal macromolecular trafficking pathway. EMBO J. 19: 2856-2868.

Krizek BA (1999) Ectopic expression of *AINTEGUMENTA* in *Arabidopsis* plants results in increased growth of floral organs. Dev. Genet. 25: 224-236.

Krizek BA, Meyerowitz EM (1996) The Arabidopsis homeotic genes

APETALA3 and PISTILLATA are sufficient to provide the B class organ identity function. Development 122:11-22.

Kropf DL, Bisgrove SR, Hable WE (1999) Establishing a growth axis in fucoid algae. Trends in Pl. Sci. 4 : 490-494.

Kubo H, Peeters AJ, Aarts MG, Pereira A, Koornneef M (1999) *ANTHOCYANINLESS2*, a homeobox gene affecting anthocyanin distribution and root development in Arabidopsis. Plant Cell 11:1217-1226.

Kubo M, Kakimoto T (2000) The Cytokinin-hypersensitive genes of Arabidopsis negatively regulate the cytokinin-signaling pathway for cell division and chloroplast development. Plant J. 23: 385-394.

Kuhn C, Franceschi VR, Schulz A, Lemoine R, Frommer WB (1997) Macromolecular trafficking indicated by localization and turnover of sucrose transporters in enucleate sieve elements. Science 275:1298-1300.

Kumaran MK, Bowman JL, and Sundaresan V (2002) YABBY Polarity Genes Mediate the Repression of KNOX Homeobox Genes in Arabidopsis. Plant Cell 14:2761-2770.

Kunst L, Klenz JE, Martinez-Zapater J, Haughn GW (1989) AP2 gene determines the identity of perianth organs in flowers of *Arabidopsis thaliana*. Plant Cell 1 : 1195–1208.

Kurant E, Pai CY, Sharf R, Halachmi N, Sun YH, Salzberg A (1998) *dorsotonals/homothorax*, the *Drosophila* homologue of *meis*1, interacts with *extradenticle* in patterning of the embryonic PNS Development (Cambridge, U.K.) 125: 1037–1048.

Kusaba S, Kano-Murakami Y, Matsuoka M, Tamaoki M, Sakamoto T, Yamaguchi I, Fukumoto M (1998a) Alteration of hormone levels in transgenic tobacco plants overexpressing the rice homeobox gene OSH1. Plant Physiol 116 :471-476.

Kusaba S, Fukumoto M, Honda C, Yamaguchi I, Sakamoto T, Kano-Murakami Y (1998b) Decreased GA1 content caused by the overexpression of

OSH1 is accompanied by suppression of GA 20-oxidase gene expression. Plant Physiol 117: 1179-1184.

Kuziora MA, McGinnis W (1989) A homeodomain substitution changes the regulatory specificity of the deformed protein in Drosophila embryos. Cell 59:563-571.

Kuziora MA and McGinnis W (1991) Altering the regulatory targets of the Deformed protein in *Drosophila* embryos by substituting the Abdominal-B homeodomain. Mech. Dev. 33:83-93.

Laufs P, Grandjean O, Jonak C, Kiêu K, Traas J (1998a). Cellular parameters of the shoot apical meristem in *Arabidopsis*. Plant Cell 10: 1375-1389.

Laufs P, Dockx J, Kronenberger J, Traas J (1998b). *MGOUN1* and *MGOUN*2: two genes required for primordium initiation at the shoot apical meristem and floral meristems in *Arabidopsis thalian*a. Development 125: 1253-1260.

Laughon A, Scott MP (1984) Sequence of *Drosophila* segmentation gene : Protein structure and homology with DNA binding proteins. Nature 310 : 25-31.

Laux T, Mayer KF, Berger J, Jürgens G (1996) The *WUSCHEL* gene is required for shoot and floral meristem integrity in Arabidopsis. Development 122: 87-96.

Lawrence PA (1992) The Making of a Fly: The Genetics of Animal Design. Oxford/Boston: Blackwell Scientific. p228.

Lawrence PA, Morata G (1994) Homeobox genes: their function in Drosophila segmentation and pattern formation. Cell 78:181-189.

Lawrence PA, Struhl G (1996) Morphogens, compartments, and pattern: lessons from Drosophila? Cell 85:951–961.

Lee I, Wolfe DS, Nilsson O, Weigel D (1997) A LEAFY co-regulator encoded by UNUSUAL FLORAL ORGANS. Curr Biol. 7: 95-104.

Lee YH, Chun JY (1998) A new homeodomain-leucine zipper gene from

Arabidopsis thaliana induced by water stress and abscisic acid treatment. Plant Mol Biol. 37:377-384.

Lehman A, Black R, Ecker JR (1996) *HOOKLESS1*, an ethylene response gene, is required for differential cell elongation in the Arabidopsis hypocotyl. Cell 85: 183-194.

Lenhard M, Laux T (1999) Shoot meristem formation and maintenance. Curr Opin Plant Biol. 2:44-50.

Lenhard M, Bohnert A, Jürgens G, Laux T (2001) Termination of stem cell maintenance in *Arabidopsis* floral meristems by interactions between *WUSCHEL* and *AGAMOU*S. Cell 105: 805-814.

Lescot M, Déhais P, Moreau Y, De Moor B, Rouzé P, Rombauts S (2002) PlantCARE: a database of plant cis-acting regulatory elements and a portal to tools for in silico analysis of promoter sequences. Nucleic Acids Res., Database issue 30:325-327

Levin JZ et Meyerowitz EM (1995) *UF*O: an *Arabidopsis* gene involved in both floral meristem and floral organ development. Plant Cell 7: 529-548.

Lewis EB (1963) Genes and developmental pathways. Am. Zool. 3:33-56.

Lewis EB (1964) Genetic control and regulation of developmental pathways. In *The Role of Chromosomes in Development*, ed. MLocke. 23:231-252. New York: Academic.

Leyser HMO, Furner IJ (1992) Characterisation of three shoot apical meristem mutants of *Arabidopsis thaliana*. Development 116 : 397-402.

Li Y, Hagen G, Guilfoyle TJ (1992) Altered morphology in transgenic tobacco plants that overproduce cytokinins in specific tissues and organs. Dev Biol. 153: 386-395.

Li X, Murre C, McGinnis W (1999) Activity regulation of a Hox protein and a rôle for the homeodomain in inhibiting transcriptional activation. EMBO J. 18:198-211.

Li J, Jia D, Chen X (2001) HUA1, a regulator of stamen and carpel identities in

Arabidopsis, codes for a nuclear RNA binding protein. Plant Cell 13: 2269-2281.

Liljegren SJ et al., (1998) Arabidopsis MADS-box genes involved in fruit dehiscence. Flowering Newsl. 25 : 9-19.

Lin L, McGinnis W (1992) Mapping functional specificity in the Dfd and Ubx homeodomains. Genes

Dev. 6:1071-1081.

Lincoln C, Long J, Yamaguchi K, Serikawa K, Hake S (1994) A *KNOTTED*1-like homeobox gene in Arabidopsis is expressed in the vegetative meristem and dramatically alters leaf morphology when overexpressed in transgenic plants. Plant Cell 6: 1859-1876.

Lloyd AM, Schena M, Walbot V, Davis RW (1994) Epidermal cell fate determination in Arabidopsis: patterns defined by a steroid-inducible regulator. Science. 266:436-439.

Lohmann JU, Hong RL, Hobe M, Busch MA, Parcy F, Simon R, Weigel D (2001) A molecular link between stem cell regulation and floral patterning in *Arabidopsis*. Cell 105: 793-803.

Lohmann JU, Weigel D (2002) Building beauty: the genetic control of floral patterning. Dev Cell. 2:135-142.

Long JA, Moan EI, Medford JI, Barton MK (1996) A member of the *KNOTTED* class of homeodomain proteins encoded by the *STM* gene of Arabidopsis. Nature 379: 66-69.

Long JA, Barton MK (1998) The development of apical embryonic pattern in Arabidopsis. Development. 125: 3027-3035.

Lopez AJ, Hogness DS (1991) Immunochemical dissection of the Ultrabithorax homeoprotein family in *Drosophila melanogaster*. Proc. Natl. Acad. Sci. USA 88:9924-9928.

Lu P, Porat R, Nadeau JA, O'Neill SD (1996) Identification of a meristem L1 layer-specific gene in Arabidopsis that is expressed during embryonic pattern formation and defines a new class of homeobox genes. Plant Cell. 8:2155-2168.

Lu Q, Kamps MP (1996a) Selective repression of transcriptional activators by pbx1 does not require the homeodomain. Proc. Natl. Acad. Sci. USA 93 : 470–474.

Lu Q, Kamps MP (1996b) Structural determinants within Pbx1 that mediate cooperative DNA binding with pentapeptidecontaining Hox proteins: Proposal for a model of a Pbx1-Hox- DNA complex. Mol. Cell. Biol. 16 : 1632–1640.

Lucas WJ, Bouche-Pillon S, Jackson DP, Nguyen L, Baker L, Ding B, Hake S (1995).Selective trafficking of KNOTTED1 homeodomain protein and its mRNA through plasmodesmata. Science 270: 1980-1983.

Lucas W (1999) Plasmodesmata and the cell-to-cell transport of proteins and nucleoprotein complexes. J. Exp. Bot. 50: 979-987.

Lyndon RF (1970) Rates of cell division in the shoot apical meristem of *Pisu*m. Ann. Bot. 34: 1-17.

Lyndon RF (1998) The shoot apical meristem. Cambridge University Press.

Lynn K, Fernandez A, Aida M, Sedbrook J, Tasaka M, Masson P, Barton MK (1999) The *PINHEA*D/*ZWILLE* gene acts pleiotropically in *Arabidopsis* development and has overlapping functions with the *ARGONAUTE1* gene. Development 126: 469-481.

Mann RS (1995) The specificity of homeotic gene function. Bioessays 17: 855-863.

Mann RS, Morata G (2000) The developmental and molecular biology of genes that subdivide the
body of Drosophila. Annu. Rev. Cell. Dev. Biol. 16: 243–271.

Maizel A, Bensaude O, Prochiantz A, Joliot A (1999). A short region of its homeodomain is necessary for engrailed nuclear export and secretion. Development 126 : 3183-3190.

Manak JR, Scott MP (1994) A class act: conservation of homeodomain protein functions. Dev Suppl. :61-77.

Mann RS (1995) The specificity of homeotic gene function. BioEssays 17:855-863.

Mann RS, Affolter M (1998) Hox proteins meet more partners. Curr. Opin. Genet. Dev. 8:423-429.

Mann RS, Chan SK (1996) Extra specificity from *extradenticle*: The partnership between HOX and exd/pbx homeodomain proteins. Trends Genet. 12: 258–262.

Mann RS, Hogness DS (1990) Functional dissection of Ultrabithorax proteins in D. melanogaster. Cell 60:597–610.

Mann RS, Morata G (2000) The developmental and molecular biology of genes that subdivide the body of Drosophila. Annu. Rev. Cell. Dev. Biol. 16:243-271.

Mapelli S, Kinet JM (1992) Plant growth regulator and graft control of axillary bud formation and development in the *to-2* mutant tomato. Pl. Growth regul. 11: 385-390.

Más P and Beachy RN (2000) Role of microtubules in the intracellular distribution of tobacco mosaic virus movement protein. PNAS 97: 12345-12349.

Matsumoto N, Okada K (2001) A homeobox gene, *PRESSED FLOWER*, regulates lateral axisdependent development of Arabidopsis flowers. Genes Dev. 15: 3355-3364.

Mayer U, Torres Ruiz R, Berleth T, Missera S, Jürgens G (1991) Mutations affecting body organisation in *Arabidopsis* embryo. Nature 353 : 402-407.

Mayer KF, Schoof H, Haecker A, Lenhard M, Jürgens G, Laux T (1998) Role of *WUSCHEL* in regulating stem cell fate in the *Arabidopsis* shoot meristem. Cell 95 : 805-815.

McConnell JR, Barton MK (1995) Effect of mutations in the PINHEAD gene of Arabidopsis on the formation of the shoot apical meristems. Dev Genet. 16: 358-366.

McConnell JR, Barton MK (1998). Leaf formation and meristem formation in

Arabidopsis. Development 125: 2935-2942.

McConnell JR, Emery J, Eshed Y, Bao N, Bowman J, Barton MK (2001) Role of PHABULOSA and PHAVOLUTA in determining radial patterning in shoots. Nature 411:709-713.

McDaniel CN, Poethig RS (1988) Cell lineage patterns in the shoot apical meristem of the germinating maize embryo. Planta 175: 13-22.

McGinnis W, Levine MS, Hafen E, Kuroiwa A, Gehring WJ (1984) A conserved DNA sequence in homeotic genes of the *Drosophila* Antennapedia and Bithorax complexes. Nature 308 : 428-433.

McGinnis W, Krumlauf R (1992) Homeobox genes and axial patterning. Cell 68:283-302.

Mead J, Zhong H, Acton TB, Vershon AK (1996) The yeast alpha2 and Mcm1 proteins interact through a region similar to a motif found in homeodomain proteins of higher eukaryotes. Mol Cell Biol 16:2135-2143.

Medford JI, Behringer FJ, Callos JD, Feldmann KA (1992) Normal and abnormal development in the *Arabidopsis* vegetative shoot apex. Plant Cell 4: 631-643.

Meinke DW (1992) A homeotic mutant of Arabidopsis thaliana with leafy cotyledons. Science 258 : 1647-1650

Meisel L, Lam E (1996) The conserved ELK-homeodomain of KNOTTED-1 contains two regions that signal nuclear localization. Plant. Mol. Biol. 30 : 1–14.

Meyerowitz EM (2002) Plants compared to Animals : the broadest comparative study of development. Science 295 : 1482-1485.

Miksche JP, Brown JAM (1965) Development of vegetative and floral meristem of *Arabidopsis thalian*a. Am. J. Bot. 52: 533-537.

Miller CO, Skoog F, von Saltza MH, Strong M (1955) Kinetin, a cell division factor from deoxyribonucleic acid. J. Am. Chem. Soc. 77:1329–1334.

Mizukami Y, Fischer RL (2000) Plant organ size control: AINTEGUMENTA regulates growth and cell numbers during organogenesis. Proc. Natl Acad. Sci. U S A. 97: 942-947.

Modrusan Z, Reiser L, Feldmann KA, Fischer RL, Haughn GW (1994) Homeotic transformation of ovules into carpel-like structures structures in Arabidopsis. Plant Cell 6 : 333-349.

Mok DW, Mok MC (2001) Cytokinin metabolism and action. Annu Rev Plant Physiol Plant Mol Biol. 52, 89-118.

Morata G, Lawrence PA (1978) Anterior and posterior compartments in the head of *Drosophil*a. Nature 274:473-474.

Moussian B, Schoof H, Haecker A, Jürgens G, Laux T (1998) Role of the *ZWILLE* gene in the regulation of central shoot meristem cell fate during *Arabidopsis* embryogenesis. EMBO J. 17 : 1799- 1809.

Müller J, Wang Y, Franzen R, Santi L, Salamini F, Rohde W (2001) In vitro interactions between barley TALE homeodomain proteins suggest a role for protein-protein associations in the regulation of Knox gene function. Plant J. 27: 13–23.

Murray JAH (2002) Plant development meets cell proliferation in Madrid. Developmental Cell 2: 21– 27.

Mushegian AR, Koonin EV (1996) Sequence analysis of eukaryotic developmental proteins: ancient and novel domains. Genetics 144: 817-828.

Nagasaki H, Sakamoto T, Sato Y, Matsuoka M. (2001) Functional analysis of the conserved domains of a rice KNOX homeodomain protein, OSH15. Plant Cell 13:2085-2098.

Newman IV (1965) Patterns in the meristems of vascular plants. III. Pursuing the patterns where no cells is a permanent cell. J Linn Soc Bot 59 : 185-214.

Ng M, Yanofsky MF (2000) Three ways to learn the ABCs. Curr Opin in Plant Biology 3: 47-52.

Nishimura A, Tamaoki M, Sato Y, Matsuoka M (1999) The expression of tobacco knotted1-type class 1 homeobox genes correspond to regions predicted by the cytohistological zonation model. Plant J. 18: 337-347.

Nougarède A (1967) Experimental cytology of the shoot apical cells during vegetative growth and flowering. Internat. Rev. Cytol. 21: 203-351.

Ogas J, Cheng JC, Sung ZR, Somerville C (1997) Cellular differentiation regulated by gibberellin in the Arabidopsis thaliana pickle mutant. Science 277 : 91-94.

Ogas J, Kaufmann S, Henderson J, Somerville C (1999) PICKLE is a CHD3 chromatin-remodeling factor that regulates the transition from embryonic to vegetative development in Arabidopsis. Proc Natl Acad Sci U S A.96: 13839-13844.

Olszewski N, Sun TP, Gubler F (2002) Gibberellin signaling: biosynthesis, catabolism, and response pathways. Plant Cell. 14 Suppl:S61-80.

Ori N, Juarez MT, Jackson D, Yamaguchi J, Banowetz GM, Hake S (1999) Leaf senescence is delayed in tobacco plants expressing the maize homeobox gene knotted1 under the control of a senescence-activated promoter. Plant Cell 11: 1073-1080.

Ori N, Eshed Y, Chuck G, Bowman JL, Hake S (2000) Mechanisms that control *knox* gene expression in the *Arabidopsis* shoot. Development 127: 5523-5532.

Osterlund MT, Deng XW (1998) Multiple photoreceptors mediate the light-induced reduction of GUSCOP1 from Arabidopsis hypocotyl nuclei. Plant J. 16:201-208.

Osterlund MT, Hardtke CS, Wei N, Deng XW (2000) Targeted destabilization of HY5 during lightregulated development of Arabidopsis. Nature 405:462-466.

Osterlund MT, Wei N, Deng XW (2000b) The roles of photoreceptor systems and the COP1-targeted destabilization of HY5 in light control of Arabidopsis seedling development. Plant Physiol. 124:1520- 1524.

Otsuga D, DeGuzman B, Prigge MJ, Drews GN, Clark SE (2001) REVOLUTA regulates meristem initiation at lateral positions. Plant J. 25:223-236.

Oyama T, Shimura Y, Okada K (1997) The Arabidopsis HY5 gene encodes a bZIP protein that regulates stimulus-induced development of root and hypocotyl. Genes Dev. 11:2983-29895.

Pai CY, Kuo TS, Jaw TJ, Kurant E, Chen CT, Bessarab DA, Salzberg A, Sun YH (1998) The Homothorax homeoprotein activates the nuclear localization of another homeoprotein, extradenticle,
and suppresses eye developement in Drosophila. Genes Dev. 12: 435–446.

Parcy F, Nilsson O, Busch MA, Lee I, Weigel D (1998) A genetic framework for floral patterning. Nature 395: 561-566.

Passner JM, Ryoo HD, Shen L, Mann RS, Aggarwal AK (1999) Structure of a DNA-bound Ultrabithorax-Extradenticle homeodomain complex. Nature 397 : 714–719.

Pautot V, Dockx J, Hamant O, Kronenberger J, Grandjean O, Jublot D, Traas J (2001) KNAT2: Evidence for a Link between Knotted-Like Genes and Carpel Development. Plant Cell 13: 1719-1734.

Paz-Ares J, The REGIA consortium (2002) REGIA, an EU project on functional genomics of transcription factors from Arabidopsis thaliana. XIII International Conference on Arabidopsis Research, Sevilla. Poster 1-05.

Peifer M, Wieschaus E (1990) Mutations in the Drosophila gene extradenticle affect the way specific homeo domain proteins regulate segmental identity. Genes Dev. 4: 1209–1223.

Pelaz S, Ditta GS, Baumann E, Wisman E, Yanofsky MF (2000) B and C floral organ identity functions require SEPALLATA MADS-box genes. Nature 405: 200-203.

Pelaz S, Tapia-Lopez R, Alvarez-Buylla ER, Yanofsky MF (2001) Conversion of leaves into petals in Arabidopsis. Curr Biol. 11:182-184.

Pepling ME, de Cuevas M, Spradling AC (1999) Germline cysts: a conserved phase of germ cell development? Trends Cell Biol. 9:257-262.

Perbal MC, Haughn G, Saedler H, Schwarz-Sommer Z (1996) Non-cell-autonomous function of the Antirrhinum floral homeotic proteins DEFICIENS and GLOBOSA is exerted by their polar cell-to-cell trafficking. Development 122: 3433-3441.

Perazza D, Vachon G, Herzog M (1998) Gibberellins promote trichome formation by Up-regulating GLABROUS1 in arabidopsis. Plant Physiol. 117:375-383.

Picard D (2000) Posttranslational regulation of proteins by fusions to steroid-binding domains. Methods Enzymol 327: 385–401.

Pien S, Wyrzykowska J, McQueen-Mason S, Smart C, Fleming A (2001a) Local expression of expansin induces the entire process of leaf development and modifies leaf shape. Proc; Natl Acad. Sci. USA 98: 11812-11817.

Pien S, Wyrzykowska J, Fleming AJ (2001b) Novel marker genes for early leaf development indicate spatial regulation of carbohydrate metabolism within the apical meristem. Plant J. 25:663-674.

Plesch G, Stormann K, Torres JT, Walden R, Somssich IE (1997) Developmental and auxininduced expression of the Arabidopsis *PRHA* homeobox gene. Plant J. 12:635-647.

Poethig RS (1987) Clonal analysis of cell lineage patterns in plant development. Am. J. Bot. 74: 581- 594.

Poethig RS, Szymkoviak EJ (1995) Clonal analysis of leaf development in maize, Maydica 40 : 67- 76.

Poethig RS (1997) Leaf morphogenesis in flowering plants. Plant Cell. 9: 1077-1087.

Prigge MJ, Wagner DR (2001) The Arabidopsis *SERRATE* Gene Encodes a Zinc-Finger Protein Required for Normal Shoot Development. Plant Cell 13: 1263–1279.

Qian YQ, Billeter M, Otting G, Müller M, Gehring WJ, Wüthrich K (1989) The structure of the Antennapedia homeodomain determined by NMR spectroscopy in solution: Comparison with prokaryotic repressors. Cell 59 : 573–580.

Quaedvlieg N, Dockx J, Rook F, Weisbeek P, Smeekens S (1995) The homeobox gene ATH1 of Arabidopsis is derepressed in the photomorphogenic mutants cop1 and det1. Plant Cell 7:117-129.

Rauskolb C, Peifer M, Weischaus E (1993) *extradenticl*e, a regulator of homeotic gene activity, is a homolog of the homeobox-containing human proto-oncogene *pbx*1. Cell 74: 1-20.

Rauskolb C, Smith K, Peifer M, Wieschaus E (1995) *extradenticle* determines segmental identities throughout development. Developmen*t* 121:3663-3671.

Ray A, Robinson-Beers K, Ray S, Baker SC, Lang JD, Preuss D, Milligan SB, Gasser CS (1994) Arabidopsis floral homeotic gene BELL (BEL1) controls ovule development through negative

regulation of AGAMOUS gene (AG) Proc Natl Acad Sci U S A.91:5761-5765.

Reed JW, Elumalai RP, Chory J (1998) Suppressors of an *Arabidopsis thaliana phyB* mutation identify genes that control light signaling and hypocotyl elongation. Genetics 148 : 1295-1310.

Reid JB, Botwright NA, Smith JJ, O'Neill DP, Kerckhoffs LH (2002) Control of gibberellin levels

and gene expression during de-etiolation in pea. Plant Physiol 128: 734-741.

Reinhardt D, Wittwer F, Mande IT, Kuhlemeier C (1998) Localized upregulation of a new expansin gene predicts the site of leaf formation in the tomato meristem. Plant Cell 10 : 1427-1437.

Reinhardt D, Mandel T, Kuhlemeier C (2000) Auxin regulates the initiation and radial position of plant lateral organs. Plant Cell 12: 507-518.

Reiser L, Modrusan Z, Margossian L, Samach A, Ohad N, Haughn GW, Fischer RL (1995) The BELL1 gene encodes a homeodomain protein involved in pattern formation in the Arabidopsis ovule primordium. Cell. 83:735-742.

Reiser L, Sanchez-Baracaldo P, Hake S (2000) Knots in the family tree: evolutionary relationships and functions of knox homeobox genes. Plant Mol Biol 42: 151-166.

Riechmann JL, Krizek BA, Meyerowitz EM (1996a) Dimerization specificity of Arabidopsis MADS domain homeotic proteins APETALA1, APETALA3, PISTILLATA, and AGAMOUS. Proc Natl Acad Sci U S A. 93:4793-4798.

Riechmann JL, Wang M, Meyerowitz EM (1996b) DNA-binding properties of Arabidopsis MADS domain homeotic proteins APETALA1, APETALA3, PISTILLATA and AGAMOUS. Nucleic Acids Res. 24:3134-3141.

Riechmann JL, Heard J, Martin G, Reuber G, Jiang CZ, Keddie J, Adam L, Pineda O, Ratcliffe OJ, Samaha RR, Creelman R, Pilgrim M, Broun P, Zhang JZ, Ghandehari D, Sherman BK, Yu GL (2000) Arabidopsis Transcription Factors: Genome-WideComparative Analysis Among Eukaryotes. Science 290: 2105-2111.

Rieckhof G, Casares F, Ryoo HD, Abu-Shaar M, Mann RS (1997) Nuclear translo-cation of Extradenticle requires *homotho-ra*x, which encodes an Extradenticle-related homeodomain protein. Cell 91: 171–183.

Rinne PL, van der Schoot C (1998) Symplasmic fields in the tunica of the shoot apical meristem coordinate morphogenetic events. Development 125: 1477-1485.

Riou-Khamlichi C, Huntley R, Jacqmard A, Murray J (1999) Cytokinin activation of Arabidopsis cell division through a D-type cyclin. Science 283: 1541- 1544.

Robinson-Beers K, Pruitt RE, Gasser CS (1992) Ovule Development in Wild-Type Arabidopsis and Two Female-Sterile Mutants. Plant Cell. 4:1237-1249.

Rogers S, Wells R, Rechsteiner M (1986) Amino acid sequences common to rapidly degraded proteins : the PEST hypothesis. Science 234 : 364-368

Ross JJ (1998) Effects of auxin transport inhibitors on gibberellins in pea. J.

Plant Growth Regul. 17: 141–146.

Ross JJ, O'Neill DP, Smith JJ, Kerckhoffs LHJ, Elliott RC (2000) Evidence that auxin promotes gibberellin A1 biosynthesis in pea. Plant J. 21: 547–552.

Ruddle FH, Bartels JL, Bentley KL, Kappen C, Murtha MT, Pendleton JW (1994) Evolution of Hox genes. Annu Rev Genet. 28:423-442.

Ruiz O, Coles J, Hedden P, Phillips A (2002) Molecular characterization of the GA20 oxidase-1 promoter from Arabidopsis: Identification of cis-elements that mediate control of gene expression by gibberellins. XIII International Conference on Arabidopsis Research. Sevilla, Poster 4-94.

Running MP, Fletcher JC, Meyerowitz EM (1998) The *WIGGUM* gene is required for proper regulation of floral meristem size in *Arabidopsis*. Development 125: 2545-2553.

Rupp HM, Frank M, Werner T, Strnad M, Schmulling T (1999). Increased steady state mRNA levels of the STM and KNAT1 homeobox genes in cytokinin overproducing *Arabidopsis thaliana* indicate a role for cytokinins in the shoot apical meristem. Plant J. 18: 557-563.

Rutledge R, regan S, Nicolas O, Fobert P, Côté C, Bosnich W, Kauffeldt C, Sunhoara G , Séguin A, Stewart D (1998) Characterization of an AGAMOUS homologue from the conifer black spruce (picea mariana) that produces floral homeotic conversions when expressed in Arabidopsis. Plant J. 15 : 625-634.

Ryoo HD, Marty T, Casares F, Affolter M, Mann RS (1999) Regulation of Hox target genes by a DNA bound Homothorax/Hox/Extradenticle complex. Development (Cambridge, U.K.) 126: 5137– 5148.

Sablowski RW, Meyerowitz EM (1998) A homolog of NO APICAL MERISTEM is an immediate target of the floral homeotic genes APETALA3/PISTILLATA. Cell. 92:93-103.

Sakai H, Honma T, Aoyama T, Sato S, Kato T, Tabata S, Oka A (2001) ARR1, a transcription factor for genes immediately responsive to cytokinins. Science. 294: 1519-1521.

Sakamoto T, Nishimura A, Tamaoki M, Kuba M, Tanaka H, Iwahori S, Matsuoka M (1999) The conserved KNOX domain mediates specificity of tobacco KNOTTED1-type homeodomain proteins. Plant Cell 11:1419-1432.

Sakamoto T, Kamiya N, Ueguchi-Tanaka M, Iwahori S, Matsuoka M (2001a). KNOX homeodomain protein directly suppresses the expression of a gibberellin biosynthetic gene in the tobacco shoot apical meristem. Genes Dev. 15: 581-590.

Sakamoto T, Kobayashi M, Itoh H, Tagiri A, Kayano T, Tanaka H, Iwahori S, Matsuoka M (2001b) Expression of a gibberellin 2-oxidase gene around the shoot apex is related to phase transition in rice. Plant Physiol. 125: 1508-1516.

Saleh M, Rambaldi I, Yang X, Featherstone MS (2000) Cell signalling switches HOX-PBX complexes from repressors to activators of transcription mediated by histone deacetylases and histone acetyltransferase. Mol. Cell. Biol. 20 : 8623–8633.

Salser SJ, Kenyon C (1994) Patterning C. elegans: homeotic cluster genes, cell fates and cell migrations. Trends Genet. 10:159-164.

Samach A, Klenz JE, Kohalmi SE, Risseeuw E, Haughn GW, Crosby WL(1999) The UNUSUAL FLORAL ORGANS gene of Arabidopsis thaliana is an F-box protein required for normal patterning and growth in the floral meristem. Plant J 20 : 433-445.

Santoni V, Bellini C, Caboche C (1994) Use of two dimensional protein pattern analysis for the characterization of Arabidopsis thaliana mutants. Planta 192: 557-566.

Sato Y, Sentoku N, Nagato Y, Matsuoka M (1998). Two separable functions of a rice homeobox gene, OSH15, in plant development. Plant Mol. Biol. 38 : 983–998.

Savidge B, Rounsley SD, Yanofsky MF (1995) Temporal relationship between the transcription of two Arabidopsis MADS box genes and the floral organ identity genes. Plant Cell. 7:721-733.

Sawa S, Watanabe K, Goto K, Kanaya E, Morita EH, Okada K (1999) *FILAMENTOUS FLOWE*R, a meristem and organ identity gene of *Arabidopsi*s, encodes a protein with a zinc finger and HMGrelated domains. Genes Dev. 13: 1079-1088.

Scanlon MJ, Schneeberger RG, Freeling M (1996) The maize mutant narrow sheath fails to establish leaf margin identity in a meristematic domain. Development 122:1683-1691.

Scanlon MJ, Freeling M (1997) Clonal sectors reveal that a specific meristematic domain is not utilized in the maize mutant narrow sheath. Dev Biol. 182:52-66.

Scanlon MJ (1998) Force fields and phyllotaxy : an old model comes of age. Trends in Pl Sci 3 : 409- 450.

Scanlon MJ (2000) Developmental complexities of simple leaves. Curr. Opin. Plant Biol. 3: 31-36.

Scanlon MJ, Henderson DC, Bernstein B (2002) SEMAPHORE1 functions during the regulation of ancestrally duplicated knox genes and polar auxin transport in maize. Development 129:2663-2673.

Schena M, Lloyd AM, Davis RW (1993) The HAT4 gene of Arabidopsis encodes a developmental regulator. Genes Dev. 7:367-379.

Schneeberger RG, Becraft PW, Hake S, Freeling M (1995) Ectopic expression of the knox homeobox gene rough sheath1 alters cell fate in the maize leaf. Genes. 9:2292-2304.

Schneeberger R, Tsiantis M, Freeling M, Langdale JA (1998) The rough sheath2 gene negatively regulates homeobox gene expression during maize leaf development. Development. 125: 2857-2865.

Schneitz K, Spielmann P, Noll M (1993) Molecular genetics of Aristaless, a prd-type homeobox gene involved in the morphogenesis of proximal and distal pattern elements in a subphysically interact to form a functional complex during *Drosophila* development. Mol. Cell 4:259–265.

Schneitz K, Hulskamp M, Kopczak SD, Pruitt RE (1997) Dissection of sexual organ ontogenesis : a genetic analysis of ovule development in Arabidopsis thaliana. Development 124 : 1367-1376.

Schneitz K, Baker SC, Gasser CS, Redweik A (1998a) Pattern formation and growth during floral organogenesis : *HUELLENLOS* and *AINTEGUMENTA* are required for the formation of the proximal region of the ovule primordium in *Arabidopsis thaliana*. Development 125 : 2555-2563

Schneitz K, Balasubramanian S, Schiefthaler U (1998b) Organogenesis in plants : the molecular and genetic control of ovule development. Trends in Pl. Sci. 3 : 468-472.

Schoof H, Lenhard M, Haecker A, Mayer KF, Jürgens G, Laux T (2000). The stem cell population of Arabidopsis shoot meristems in maintained by a regulatory loop between the *CLAVATA* and *WUSCHEL* genes. Cell 100: 635-644.

Schumacher K, Schmitt T, Rossberg M, Schmitz G, Theres K (1999) The Lateral suppressor (Ls) gene of tomato encodes a new member of the VHIID protein family. Proc Natl Acad Sci U S A.96:290- 295.

Schmulling T (2001) CREam of cytokinin signalling: receptor identified. Trends Plant Sci. 6:281-284.

Selker JML, Steucek GL, Green PB (1992) Biophysical mechanisms for morphogenetic progressions at the shoot apex. Dev. Biol. 153: 29-43.

Semiarti E, Ueno Y, Tsukaya H, Iwakawa H, Machida C, Machida Y (2001) The *ASYMMETRIC LEAVES2* gene of *Arabidopsis thaliana* regulates formation of a symmetric lamina, establishment of venation and repression of meristem-related homeobox genes in leaves. Development 128 : 1771- 1783.

Sentoku N, Sato Y, Kurata N, Ito Y, Kitano H, Matsuoka M (1999) Regional expression of the rice *KN1*-type homeobox gene family during embryo, shoot, and flower development. Plant Cell 11 : 1651– 1664.

Sentoku N, Sato Y, Matsuoka M (2000) Overexpression of rice *OSH* genes induces ectopic shoots on leaf sheaths of transgenic rice plants. Dev. Biol. 220 : 358–364.

Serikawa KA, Martinez-Laborda A, Zambryski P (1996) Three knotted1-like homeobox genes in Arabidopsis. Plant Mol Biol. 32:673-683.

Serikawa KA, Zambryski PC (1997) Domain exchanges between KNAT3 and KNAT1 suggest specificity of the kn1-like homeodomains requires sequences outside of the third helix and N-terminal arm of the homeodomain. Plant J. 11:863-869.

Serikawa KA, Mandoli DF (1999) Aaknox1, a kn1-like homeobox gene in Acetabularia acetabulum, undergoes developmentally regulated subcellular localization. Plant Mol Biol. 41:785-793.

Sessa G, Steindler C, Morelli G, Ruberti I (1998) The Arabidopsis Athb-8, -9 and -14 genes are members of a small gene family coding for highly related HD-ZIP proteins. Plant Mol Biol. 38: 609-622.

Sessions A (1999) Piecing together the Arabidopsis gynoecium. Trends in Pl. Sci. 4 : 296-297.

Sessions A, Yanofsky MF, Weigel D (2000) Cell-cell signaling and movement by the floral transcription factors LEAFY and APETALA1. Science 289 : 779-82.

Shabde M, Murashige T (1977) Hormonal requirements of excised *Dianthus caryophyllus* L. shoot apical meristem *in vitr*o. Am. J. Botany 64: 443-448.

Shevell DE, Leu WM, Gillmor CS, Xia G, Feldmann KA, Chua NH (1994) EMB30 is essential for normal cell division, cell expansion, and cell adhesion in Arabidopsis and encodes a protein that has similarity to Sec7. Cell 77:1051-1062.

Sieburth LE, Meyerowitz EM (1997) Molecular dissection of the Agamous control region shows that cis elements spatial regulation are located intragenically. Plant Cell 9 : 355–365.

Siegfried KR, Eshed Y, Baum SF, Otsuga D, Drews GN, Bowman JL (1999)

Members of the *YABBY* family specify abaxial fate in *Arabidopsis*. Development 126 : 4117-4128.

Simon R, Igeno MI, Coupland G (1996) Activation of floral meristem identity genes in Arabidopsis. Nature. 384:59-62.

Sinha NR, Williams RE, Hake S (1993) Overexpression of the maize homeobox gene, KNOTTED-1, causes a switch from determinate to indeterminate cell fates. Genes Dev. 7: 787-795.

Sinha NR (1997) Simple and compound leaves: reduction or multiplication? Trends in Pl. Sci. 2: 396- 402.

Sinha NR (1999) Leaf development in Angiosperms. Ann. Rev.Plant Physiol. Plant Mol. Biol. 50: 419- 446.

Smalle J, Haegman M, Kurepa J, Van Montagu M, Straeten DV (1997) Ethylene can stimulate Arabidopsis hypocotyl elongation in the light. Proc Natl Acad Sci USA 94: 2756-2761.

Smalle J, van der Straeten D (1997) Ethylene and vegetative development. Physiol Plant 100: 593- 605.

Smalle J, Kurepa J, Yang P, Babiychuk E, Kushnir S, Durski A, Vierstra RD (2002) Cytokinin growth responses in Arabidopsis involve the 26S proteasome subunit RPN12. Plant Cell 14:17-32.

Smith L, Greene B, Veit B, Hake S (1992) A dominant mutation in the maize homeobox gene, *KNOTTED*-1, causes its ectopic expression in leaf cells with altered fates. Development 116: 21-30.

Smith HM, Boschke I, Hake S (2002) Selective interaction of plant homeodomain proteins médiates high DNA-binding affinity. Proc Natl Acad Sci U S A. 99: 9579-9584.

Smyth D (2000) A reverse trend--MADS functions revealed. Trends Plant Sci. 5: 315-317.

Snow M, Snow R (1931) Experiments on phyllotaxis I. The effects of isolating a primordium. Phil. Trans. Roy. Soc. Lond. B 221: 1-43.

Soderman E, Mattsson J, Engstrom P (1996) The Arabidopsis homeobox gene ATHB-7 is induced by water deficit and by abscisic acid. Plant J. 10:375-381.

Souer E, van Houwelingen A, Kloos D, Mol J, Koes R (1996). The *No Apical Meristem* gene of Petunia is required for pattern formation in embryos and flowers and is expressed at meristem and primordia boundaries. Cell 85: 159-170.

Stacey G, Koh S, Granger C, Becker JM (2002) Peptide transport in plants. Trends in Pl. Sci. 7 : 257-263.

Steeves, T.A., Hicks, M.A., Naylor, J.M., Rennie P (1969). Analytical studies on the shoot apex of *Helianthus annuus*. Can. J. Bot. 47: 1367-1375.

Steeves TA, Sussex IA (1989) Patterns in Plant Development, 2nd ed. Cambridge University Press.

Steffensen DM (1968) A reconstruction of cell development in the shoot apex of maize. Am. J. Bot. 55: 354-369.

Steindler C, Matteucci A, Sessa G, Weimar T, Ohgishi M, Aoyama T, Morelli G, Ruberti I (1999) Shade avoidance responses are mediated by the ATHB-2 HD-zip protein, a negative regulator of gene expression. Development. 126 :4235-4245.

Stewart RN, Dermen H (1970) Determination of number and mitotic activity of shoot apical initial cells by analysis of mericlinal chimeras. Am J Bot 57 : 816-826.

Stewart RN, Burke LG (1970) Independence of tissues derived from apical layers in ontogeny of the tobacco leaf and ovary. Am. J. Bot. 57: 1010-1016.

Stewart RN, Dermen H (1975) Flexibility in ontogeny as shown by the contribution of the shoot apical layers to the leaves of periclinal chimeras. Am. J. Bot. 62, 935-947.

Stone JM, Trotochaud AE, Walker JC, Clark SE (1998) Control of meristem development by CLAVATA1 receptor kinase and kinase-associated protein phosphatase interactions. Plant Physiol. 117: 1217-1225.

Sultan ES (2000) Phenotypic plasticity for plant development, function and life history. Trends in Pl Sci 5 : 537-542

Sussex IM (1952) Regeneration of the potato shoot apex. Nature 170: 755-757.

Sussex IM (1954) Experiments of the cause of dorsiventrality in leaves. Nature 174 : 351-352.

Sussex IM (1955a) Morphogenesis in *Solanum tuberosum* L.: apical structure and developmental patterns of the juvenil shoot. Phytomorphology 5: 253-273.

Sussex IM (1955b) Morphogenesis in *Solanum tuberosum* L.: experimental investigation of leaf dorsoventrality and orientation in the juvenile shoot. Phytomorphology 5: 286-300.

Suzuki T, Sakurai K, Imamura A, Nakamura A, Ueguchi C, Mizuno T (2000) Compilation and characterization of histidine-containing phosphotransmitters implicated in His-to-Asp phosphorelay in plants: AHP signal transducers of Arabidopsis thaliana. Biosci Biotechnol Biochem 64:2486-2489.

Sweere U, Eichenberg K, Lohrmann J, Mira-Rodado V, Baurle I, Kudla J, Nagy F, Schafer E, Harter K (2001) Interaction of the response regulator ARR4 with phytochrome B in modulating red light signaling. Science 294: 1108-1111.

Szymkowiak EJ, Sussex IM (1996) What chimeras can tell us about plant development. Annu. Rev. Plant Physiol. Plant Mol. Biol. 47: 351-376.

Taguchi-Shiobara F, Yuan Z, Hake S, Jackson D (2001) The *fasciated ear 2* gene encodes a leucine-rich repeat receptor-like protein that regulates shoot meristem proliferation in maize. Genes Dev. 15: 2755-2766.

Takada S, Hibara K, Ishida T, Tasaka M (2001) The CUP-SHAPED COTYLEDON1 gene of Arabidopsis regulates shoot apical meristem formation. Development 128 : 1127-1135.

Takei K, Sakakibara H, Sugiyama T (2001) Identification of genes encoding adenylate isopentenyltransferase, a cytokinin biosynthesis enzyme, in Arabidopsis thaliana. J Biol Chem 276:26405-26410.

Talbert PB, Adler HT, Parks DW, Comai L (1995) The *REVOLUTA* gene is necessary for apical meristem development and for limiting cell divisions in the leaves and stems of *Arabidopsis thaliana*. Development 121: 2723-2735.

Tamaoki M, Tsugawa H, Minami E, Kayano T, Yamamoto N, Kano-Murakami Y, Matsuoka M (1995) Alternative RNA products from a rice homeobox gene. Plant J. 7 : 927–938. **Tamaoki M, Kusaba S, Kano-Murakami Y, Matsuoka M** (1997). Ectopic expression of a tobacco homeobox gene, NTH15, dramatically alters leaf morphology and hormone levels in transgenic tobacco. Plant Cell Physiol. 38: 917-927.

Tamaoki M, Nishimura A, Aida M, Tasaka M, Matsuoka M (1999) Transgenic Tobacco overexpressing a homeobox gene shows a developmental interaction between leaf morphogenesis and phyllotaxy. Plant cell Physiol. 40 : 657-667.

Tanaka-Ueguchi M, Itoh H, Oyama N, Koshioka M, Matsuoka M (1998) Overexpression of a tobacco homeobox gene, *NTH15*, decreases the expression of a gibberellin biosynthetic gene encoding GA 20-oxidase. Plant J. 15 : 391–400.

Tandre K, Svenson M, Svenson ME, Engström P (1998) Conservation of gene structure and activity in the regulation of reproductive organ development of conifers and angiosperms. Plant J. 15 : 615- 623.

The Arabidopsis Genome Initiative (2000) Analysis of the genome sequence of the Flowering plant Arabidopsis thaliana. Nature 408: 796-815.

Theissen G (2001) Genetics of identity. Nature. 414:491.

Theissen G, Saedler H (2001) Plant biology. Floral quartets. Nature. 409:469-471. **Theophraste** (286, BC) Enquiry into Plants.

Timmermans MC, Hudson A, Becraft PW, Nelson T (1999) ROUGH

SHEATH2: a Myb protein that represses knox homeobox genes in maize lateral organ primordia. Science 284 : 151-153.

Torres-Ruiz RA, Jürgens G (1994) Mutations in the FASS gene uncouple pattern formation and morphogenesis in Arabidopsis development. Development. 120 : 2967-2978.

Traas J, Bellini C, Nacry P, Kronenberger J, Bouchez D, Caboche M (1995) Normal différentiation patterns in plant lacking microtubular preprophase bands. Nature 375 : 676-677.

Traas J, Doonan JH (2001) Cellular basis of shoot apical meristem development. Int. Rev. Cytol. 208 : 161-205.

Treisman R (1995) DNA-binding proteins. Inside the MADS box. Nature. 376:468-469.

Trotochaud AE, Hao T, Wu G, Yang Z, Clark SE (1999) The CLAVATA1 receptor-like kinase requires CLAVATA3 for its assembly into a signaling complex that includes KAPP and a Rho-related protein. Plant Cell 11: 393-406.

Trotochaud AE, Jeong S, Clark SE (2000) CLAVATA3, a multimeric ligand for the CLAVATA1 receptor-kinase. Science 289 : 613-617.

Tsiantis M, Langdale JA (1998) The formation of leaves. Curr Opin Plant Biol 1: 43–48.

Tsiantis M, Schneeberg R, Golz JF, Freeling M, Langdale JA (1999) The maize *rough sheath2* gene and leaf development programs in monocot and dicot plants. Science 284 : 154-156.

Tsiantis M (2001) Control of shoot cell fate: beyond homeoboxes. Plant Cell 13: 733-738.

Tsukaya H, Uchimiya H (1997) Genetic analyses of developmental control of serrated margin of leaf blades in Arabidopsis – Combination of mutational analysis of leaf morphogenesis with characterization of a specific marker gene, which expresses in hydathodes and stipules in Arabidopsis. Mol. Gen. Genet. 256 : 231-238.

Tsukaya H (2002) Leaf development. The Arabidopsis book. American Society of Plant Biologists Ed.

Vachon G, Cohen B, Pfeifle C, McGuffin ME, Botas J, Cohen SM (1992) Homeotic genes of the bithorax complex repress limb development in the abdomen of the *Drosophila* embryo through the target gene *Distal-less*. Cell 71:437-450.

Van der Schoot C, Rinne P (1999) Networks for shoot design. Trends in Plant Sci. 4 : 31-37.

Vaughn JG (1952) Structure of the angiosperm apex. Nature 169 : 458-459.

Vaughn JG, Jones FR (1952) Structure of the angiosperm inflorescence apex. Nature 171 : 751-752.

Veit B, Vollbrecht E, Mathern J, Hake S (1990) A tandem duplication causes the Kn1-O allele of
Knotted, a dominant morphological mutant of maize. Genetics 125: 623-631.

Veit B, Briggs SP, Schmidt RJ, Yanofsky MF et Hake S (1998) Regulation of leaf initiation by the *terminal ear 1* of maize. Nature 393, 166-168.

Venglat SP, Sawhney VK (1996) Benzylaminopurine induces phenocopies of floral meristem and organ identity mutants in wild-type Arabidopsis plants. Planta 198:480-487.

Venglat SP, Dumonceaux T, Rozwadowski K, Parnell L, Babic V, Keller W, Martienssen R, Selvaraj, G, Datla R (2002) The homeobox gene BREVIPEDICELLUS is a key regulator of inflorescence architecture in Arabidopsis. Proc Natl Acad Sci U S A. 99: 4730-4735.

Vernoux T, Autran D, Traas J (2000a) Developmental control of cell division patterns in the shoot apex. Plant Mol. Biol. 43: 569-581.

Vernoux, T, Kronenberger J, Grandjean O, Laufs P, Traas J (2000b) *PIN-FORMED 1* regulates cell fate at the periphery of the shoot apical meristem. Development 127 : 5157-5166.

Vernoux T (2002) Différenciation cellulaire dans l'apex caulinaire d'Arabidopsis thaliana: rôle du transport polarisé de l'auxine. Thèse de l'Université Paris XI.

Vittorioso P, Cowling R, Faure JD, Caboche M, Bellini C (1998) Mutation in the Arabidopsis *PASTICCINO1* gene, which encodes a new FK506-binding protein-like protein, has a dramatic effect on plant development. Mol Cell Biol. 18: 3034-3043.

Vogel JP, Woeste KE, Theologis A, Kieber JJ (1998) Recessive and dominant mutations in the ethylene biosynthetic gene ACS5 of Arabidopsis confer cytokinin insensitivity and éthylène overproduction, respectively. Proc Natl Acad Sci U S A 95: 4766-4771.

Vollbrecht E, Veit B, Sinha N, Hake S (1991) The developmental gene Knotted 1 is a member of a maize homeobox gene family. Nature 350: 241-243.

Vollbrecht E, Reiser L, Hake S (2000) Shoot meristem size is dependent on inbred background and presence of the maize homeobox gene, *knotted*1. Devlopment 127 : 3161-3172.

von Arnim AG, Deng XW (1994) Light inactivation of Arabidopsis photomorphogenic repressor COP1 involves a cell-specific regulation of its nucleocytoplasmic partitioning. Cell 79:1035-1045.

Waites R, Hudson A (1995) *phantastic*a: a gene required for dorsoventrality of leaves in *Antirrhinum maju*s. Development 121: 2143-2153.

Waites R, Selvadurai HR, Oliver IR, Hudson A (1998) The PHANTASTICA gene encodes a MYB transcription factor involved in growth and dorsoventrality of lateral organs in *Antirrhinum*. Cell 93 :779- 789.

Wang BB, Muller-Immergluck MM, Austin J, Robinson NT, Chisholm A, Kenyon C (1993) A homeotic gene cluster patterns the anteroposterior body axis of C. elegans. Cell 74: 29-42.

Wardlaw CC (1949) Experiments on organogenesis in ferns. Growth (Suppl.) 13: 93-131.

Wardlaw CC (1955a) Evidence relating to the diffusion-reaction theory of morphogenesis. New Phytol. 54: 39-48.

Wardlaw CC (1955b) Responses of fern apex to direct chemical treatments. Nature 176:1098-1100.

Waterhouse PM, Wang MB, Finnegan EJ (2001) Role of short RNAs in gene silencing. Trends in Pl. Sci. 6 : 297-301.

Weigel D, Alvarez J, Smyth DR, Yanofsky MF, Meyerowitz EM (1992) LEAFY controls floral meristem identity in Arabidopsis. Cell 69 : 843–859.

Weigel D (1998). From floral induction to floral shape. Curr. Op. Plant Biol. 1: 55-59.

Weigel D, Jürgens G (2002) Stem cells that make stems. Nature 415: 751-754.

Weller JL, Reid JB, Taylor SA, Murfet IC (1997) The genetic control of flowering in pea. Trends in Pl. Sci. 2: 412-418.

Werner T, Motyka V, Strnad M, Schmulling T (2001) Regulation of plant growth by cytokinin. Proc Natl Acad Sci U S A. 98: 10487-10492.

Wesley SV, Helliwell CA, Smith NA, Wang M, Rouse DT, Liu Q, Gooding PS, Singh SP, Abbott D, Stoutjesdijk PA, Robinson SP, Gleave AP, Green AG, Waterhouse PM (2001) Construct design for efficient, effective and high-throughput gene silencing in plants. The Plant Journal 27 : 581-590.

Western TL, Haughn GW (1999) BELL1 and AGAMOUS genes promote ovule identity in Arabidopsis thaliana. Plant J.18:329-336.

Western TL, Cheng Y, Liu J, Chen X (2002) HUA ENHANCER2, a putative DExH-box RNA helicase, maintains homeotic B and C gene expression in Arabidopsis. Development. 129: 1569-1581.

Wilkinson MD, Haughn GW (1995) *UNUSUAL FLORAL ORGANS* controls meristem identity and organ primordia fate in *Arabidopsis*. Plant Cell 7: 1485-1499.

Williams RW, Wilson JM, Meyerowitz EM (1997) A possible role for kinase-associated protein phosphatase in the Arabidopsis CLAVATA1 signaling pathway. Proc Natl Acad Sci USA 94: 10467- 10472.

Williams RW (1998) Plant homeobox genes: many functions stem from a common motif. Bioessays. 20:280-282.

Wilson AK, Pickett FB, Turner JC, Estelle M (1990) A dominant mutation in *Arabidopsis* confers resistance to auxin, ethylene, and abscisic acid. Mol. Gen. Genet. 222 : 377-383.

Wilson DS, Desplan C (1999) Structural basis of Hox specificity. Nat. Struct. Biol. 6:297– 300.

Woodrick R, Martin PR, Birman I, Pickett FB (2000) The *Arabidopsis* embryonic shoot fate map. Development 127: 813-820.

Wu K, Li L, Gage DA, Zeevaart JAD (1996) Molecular cloning and photoperiod-regulated expression of gibberellin 20-oxidase from the long-day plant spinach. Plant Physiol. 110: 547–554.

Wu J, Cohen SM (1999) Proximodistal axis formation in the *Drosophila* leg: subdivision into proximal and distal domains by Homothorax and Distal-less. Development 126: 109-117.

Xu Y-L, Gage DA, Zeevaart JAD (1997) Gibberellins and stem growth in *Arabidopsis thaliana*. Plant Physiol. 114: 1471–1476.

Yanofsky MF, Ma H, Bowman JL, Drews GN, Feldmann, KA, Meyerowitz EM (1990) The protein encoded by the Arabidops is homeotic gene agamous resembles transcription fac-tors. Nature 346 : 35–39.

Young DA (1978) On the diffusion theory of phyllotaxis. J. Theor. Biol. 71: 421-432.

Yu LP, Simon EJ, Trotochaud AE, Clark SE (2000) *POLTERGEIST* functions to regulate meristem development downstream of the *CLAVATA* loci. Development 127: 1661-1670.

Zeng W, Andrew DJ, Mathies LD, Horner MA, Scott MP (1993) Ectopic expression and function of the *Antp* and *Scr* homeotic genes: the N terminus of the homeodomian is critical to functional specificity. Development 118:339-352.

Zhao D, Yang M, Solava J, Ma H (1999) The ASK1 gene regulates development and interacts with the UFO gene to control floral organ identity in Arabidopsis. Dev Genet 25 : 209-223.

Zhao D, Yu Q, Chen M, Ma H (2001) The ASK1 gene regulates B function gene expression in cooperation with UFO and LEAFY in Arabidopsis. Development 128 : 2735-2746.

Zhong R, Ye ZH (1999) IFL1, a gene regulating interfascicular fiber differentiation in Arabidopsis, encodes a homeodomain-leucine zipper protein. Plant Cell. 11:2139-2152.